物理化学实验

主　编　翁建新　杨卫华　陈亦琳

参　编　高碧芬　罗小燕　郑　云

谢立强　付　芳

厦门大学出版社 国家一级出版社
XIAMEN UNIVERSITY PRESS 全国百佳图书出版单位

图书在版编目(CIP)数据

物理化学实验 / 翁建新，杨卫华，陈亦琳主编. 厦门 ：厦门大学出版社，2024. 6. -- ISBN 978-7-5615-9418-6

Ⅰ. O64-33

中国国家版本馆 CIP 数据核字第 2024SV5258 号

责任编辑 眭 蔚
责任校对 胡 佩
美术编辑 李嘉彬
技术编辑 许克华

出版发行 厦门大学出版社
社 址 厦门市软件园二期望海路 39 号
邮政编码 361008
总 机 0592-2181111 0592-2181406(传真)
营销中心 0592-2184458 0592-2181365
网 址 http://www.xmupress.com
邮 箱 xmup@xmupress.com
印 刷 厦门市明亮彩印有限公司

开本 787 mm×1 092 mm 1/16
印张 9
字数 215 千字
版次 2024 年 6 月第 1 版
印次 2024 年 6 月第 1 次印刷
定价 29.00 元

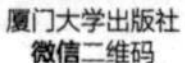

PREFACE 前言

物理化学实验是一门化学基础实验课，为化学及相关专业的本科学生开设，它与物理化学理论课密切相关，同时又有独立的实验教学体系。物理化学实验主要使用仪器测定物理量，本书实验项目立足国产仪器，尽可能选择技术较先进的仪器。各领域的信息化、智能化迅猛发展，本书实验项目重视计算机在实验过程中的应用，部分实验项目实现计算机控制、计算机数据采集。

本书内容分为三章：绪论、实验技术、实验。第一章绪论包括两方面内容：一方面是物理化学实验的目的和要求，以及实验室安全；另一方面是实验误差及分析、数据记录与处理、Excel处理实验数据。实验项目一般局限于实验内容，难以对实验技术展开论述。第二章介绍与实验项目相关的实验技术，注重探讨工作原理，使学生知其然也知其所以然，有利于学生开拓实验思路。第三章为实验，共有13个实验项目，这些实验项目都经过大量的教学实践，形成了较符合本科教学的实验内容。实验项目的附录主要是仪器介绍，不局限于实验项目中使用的功能和操作，是对仪器的结构、功能、操作的总体介绍，使学生对仪器有较全面的了解。

华侨大学材料科学与工程学院物理化学实验室是1980年由应用化学系建立的，现实验项目是在原实验项目基础上增减、改造而来，感谢所有参与物理化学实验教学的老师，特别感谢参与实验室建立的老师。材料科学与工程学院重视实验教学，努力提高实验教学水平，在学院的推动和支持下本书得以出版。本书的出版，王士斌教授给予认真指导和大力支持，蔡浩、兰章、魏展画、程国林等老师也给予了大力支持，我们感谢学院所有老师的支持。实验室与设备管理处、教务处等学校主管部门，长期支持本实验室和实验课的建设，所获得的多项教学研究项目促进了本书的出版。

本书主编为翁建新、杨卫华、陈亦琳，参编人员为高碧芬、罗小燕、郑云、谢立强、付芳，全书由翁建新统稿。在编写过程中，参考了兄弟院校的物理化学实验教材，在此一并致谢。限于我们的水平，书中难免还存在错误和不当之处，恳请读者批评指正。

编　者

2023年11月

CONTENTS 目录

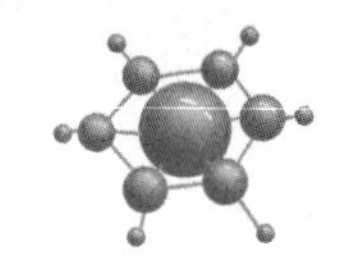

第一章　绪　论

第一节　物理化学实验的目的和要求

物理化学实验是一门重要的化学基础实验课，它与无机化学实验、分析化学实验、有机化学实验、仪器分析实验等基础实验课一起，为化学相关专业学生打下化学实验基础。物理化学实验主要采用物理方法研究物理变化和化学反应过程的变化规律，实验中常用多种仪器测量某些物理量的变化，经过实验数据处理得出某些物理化学规律。它与物理化学理论课密切相关，但又是一门独立的且理论性、实践性、技术性都很强的课。物理化学实验大都涉及比较复杂的物理测量仪器，借助精密仪器研究一些化学基本规律，每种实验方法往往建立在一套理论基础之上，能使学生加深对物理化学理论的理解，增强灵活运用物理化学理论的能力，提高理论和实践相结合的水平。

物理化学实验综合运用了物理领域和化学领域一些重要的实验方法和技术，对培养学生的实验基础和研究能力有重要作用。课程的主要目的有以下几方面：

(1) 使学生了解物理化学的研究方法，掌握物理化学实验的基本方法和技能，了解物理化学实验方案选择的方法与依据。

(2) 使学生掌握物理化学实验中常见的物理量的测量原理和方法，熟悉物理化学实验中常用仪器设备的操作与使用，了解如何正确选择和安装仪器设备。

(3) 培养学生正确记录实验数据和现象，以及正确处理实验数据和分析实验结果的能力。物理化学实验所测得的数据，一般不能直观反映物质的物理化学性质，需要利用数学等处理方法才能得到所需的结果，这个过程培养了学生的逻辑思维能力。

实验课主要由三个环节组成：实验课前预习，实验课时操作记录，实验课后做实验报告。物理化学实验对这三个环节分别提出以下要求：

(1) 在实验前要充分预习，仔细阅读实验内容，以及相关基础理论和技术资料，预先了解实验目的和原理，及所用仪器的构造和使用方法，对实验操作过程和步骤做到心中有数。在认真预习的基础上写出实验预习报告，其内容包括实验目的、仪器与试剂、实验原理、实验步骤。有无充分的预习对实验教学效果影响较大，一定要坚持做好实验前的预习工作。

(2) 学生进入实验室后，应首先检查仪器、试剂是否齐全，并做好实验前的各种准备工作。实验时应按实验教材进行操作，仪器使用要严格按照操作规程进行，发现问题应仔细查明原因，无法自己解决的请老师帮助分析解决。记录实验数据必须忠实、准确，不能

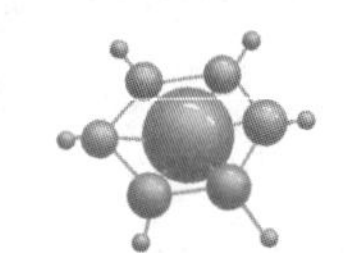

用铅笔记录数据，不能选择性记录数据，不能随意涂抹数据，如发现某个数据确有问题应该舍弃时，可用笔圈起来并标明。数据记录要表格化，字迹要工整。除了实验数据，实验过程中出现的现象和问题，也应认真观察和真实记录，这有助于学生深入了解实验和发现问题，培养学生的敏锐洞察力。实验结果与实验条件紧密相关，实验条件也是必须记录的内容。实验条件一般包括环境条件(室温、大气压、湿度等)和仪器试剂条件。实验结束后应将实验原始记录交给指导教师审查签字，同时附在实验报告上一并上交。实验完毕后，关闭仪器电源，拔下电源插头，清洗玻璃仪器，整理摆放好仪器、试剂，做好实验台的清洁卫生。

(3) 完成实验报告是实验课程的基本训练，它使学生在实验数据处理、作图、误差分析、问题归纳等方面得到训练和提高。实验报告大致可分为实验目的、仪器与试剂、实验原理、实验步骤、原始实验数据、数据处理、结果和讨论等。实验报告的讨论可包括对实验现象的分析和解释、对实验结果的误差分析、对实验的改进意见、心得体会和查阅文献情况等。

目前我国积极推进新型工业化，构建新一代信息技术、人工智能、高端装备等一批新的增长引擎，加快发展数字经济，促进数字经济和实体经济深度融合。教育、科技、人才是现代化国家的基础性、战略性支撑，必须坚持科技是第一生产力、人才是第一资源、创新是第一动力的观念，深入实施科教兴国战略、人才强国战略、创新驱动发展战略。物理化学实验是高校一门重要基础实验课，各实验项目要坚持引入信息技术，提高智能化水平，注重培养学生掌握先进技术的能力，培育学生的创新精神。实验中应用计算机，可实现计算机控制，并进行采集、储存、编辑、处理实验数据，使学生了解计算机应用于化学实验中的原理和方法，为以后在信息技术、人工智能上的发展奠定基础。

第二节　实验误差及分析

物理化学实验在数据测量和数据处理中，都会出现误差，掌握相关的误差概念很有必要。只有知道实验结果的误差，才能了解结果的可靠程度，判断这个结果是否有价值，并研究如何改进实验方法、技术等。而如果在实验前能先清楚测量所要求的误差范围，就可以正确选择实验方法和条件控制，选择合适精密度的仪器，而不致过分提高或降低实验的要求。

一、直接测量和间接测量

有些物理量能直接测量，如温度、压力等；有些物理量不能直接测量，只能利用它们和某些可直接测量的量之间的关系，通过数据处理得到。物理化学实验项目的实验结果一般属于间接测量。

二、误差和真值

测量误差一般可分为系统误差、偶然误差和过失误差。

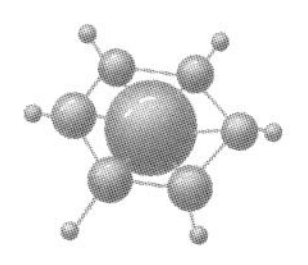

1. 误差

(1)系统误差。在相同条件下多次测量同一物理量，测量误差不变，或者改变测量条件，测量误差按照一定规律变化，这种误差称为系统误差。相同条件下重复多次测量无法抵消系统误差。产生系统误差的因素主要有实验方法、仪器试剂、环境条件等。

(2)偶然误差。偶然误差是由不确定的偶然因素引起的，在相同条件下多次测量同一物理量时，误差的数值时大时小，时正时负，一般服从正态分布规律。偶然误差不可避免，为了减少偶然误差的影响，常常对被测的物理量进行多次重复测量，取其算术平均值作为测量结果。

(3)过失误差。由实验者的错误或过失引起的误差，称为过失误差。如果实验者认真规范进行实验，过失误差是可以避免的。

2. 真值

真值可分为理论真值和测定真值。测定真值是指在消除系统误差和过失误差的前提下，进行足够多次的测量所得的算术平均值。文献手册的公认值是权威机构所做的测定真值，测定真值也可以由实验者在标准规范的实验条件下获得。在实验科学中将真值定义为无限多次观测值的算术平均值，但实际测定的次数总是有限的，由有限次数求出的平均值只能近似地接近真值。

三、误差的表达

1. 绝对误差和相对误差

绝对误差是测量值与真值之间的偏差，即测量值减去真值；绝对误差与真值之比则称为相对误差。

2. 平均偏差和标准偏差

以有限次测量值 x_i 的算术平均值 $\overline{x}$ 作为真值，平均偏差 δ 是各次测量值 x_i 与 $\overline{x}$ 偏差 d_i 绝对值的平均值。

$$\delta = \frac{\sum |d_i|}{n}$$

式中，n 为测量次数。

标准偏差 σ 又称均方根偏差。

$$\sigma = \sqrt{\frac{\sum d_i^2}{n-1}}$$

平均偏差的优点是计算简便，而标准偏差对较大误差更加灵敏，在精密计算实验误差时经常采用标准偏差。

3. 准确度、精密度和精确度

准确度指测量结果的正确性，即偏离真值的程度，系统误差较小时准确度较高。精密度指测量结果的重复性，即数据分散的程度，偶然误差较小时精密度较高。精确度指测量结果的正确性和重复性，精确度较高反映了测量值对真值的偏离程度较小。

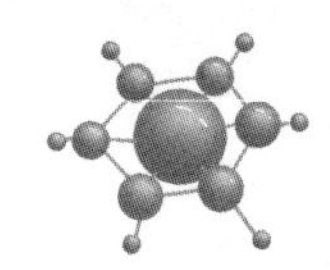

四、间接测量的误差计算

在间接测量中，每个直接测量值的误差都会影响最后结果的误差。误差传递符合一定的规律，通过误差分析，可以查明直接测量误差对实验结果影响的大小，以便抓住测量的关键，选择正确的实验方法，配置精确度相当的仪器。

设直接测量的数据为 x 及 y，其绝对偏差为 $\mathrm{d}x$ 及 $\mathrm{d}y$，而最后结果为 u，其函数关系为

$$u=F(x,y)$$

u 的绝对偏差可表示为

$$\mathrm{d}u=\left(\frac{\partial F}{\partial x}\right)_y \mathrm{d}x+\left(\frac{\partial F}{\partial y}\right)_x \mathrm{d}y$$

u 的标准偏差可表示为

$$\sigma_u=\sqrt{\left(\frac{\partial u}{\partial x}\right)_y^2 \sigma_x^2+\left(\frac{\partial u}{\partial y}\right)_x^2 \sigma_y^2}$$

第三节　数据记录与处理

一、有效数字

测量值包含数值和单位，物理量的数值和数学上的数值有着不同的意义，物理量的数值不仅能反映量的大小、数据的可靠程度，还反映仪器的精确程度。读取直接测量值时，根据仪器示数读出可靠数字，再由最小示数的间隔估计 1 位可疑数字。有效数字的位数表示测量精度，它包括测量中可靠的几位数字和最后估计的 1 位数字。有效数字的位数越多，数值的精确程度也越高，即相对偏差越小。

测量值的有效数字记录的注意事项如下：

(1) 误差一般只取 1 位有效数字。

(2) 任一物理量的数据，其有效数字的最后 1 位，在位数上应与误差的最后 1 位划齐，如 (1.351 ± 0.01) m 和 (1.3 ± 0.01) m 是错误的，而 (1.35 ± 0.01) m 是正确的。有效数字的位数与十进制单位的变换无关，如 (135 ± 1) cm 与 (1.35 ± 0.01) m 二者完全一样。

(3) 有效数字的位数与小数点的位置无关，指数表示法可简化数值的写法，更好体现有效数字的位数。比如，101000 Pa 无法判断后面 3 个“0”是不是有效数字，这时可采用指数表示法，3 位有效数字写成 1.01×10^5 Pa，4 位有效数字写成 1.010×10^5 Pa；而 0.0008 g 只有 1 位有效数字，可以写成 8×10^{-4} g。

测量值运算时，结果的有效数字位数保留遵循以下一些原则：

(1) 加减运算时，将各位数字列齐，对舍去的数字，可先按四舍五入进位，后进行加减运算。

(2) 乘除运算时，所得的积或商的有效数字，应以各值中有效数字位数最少的值为准。

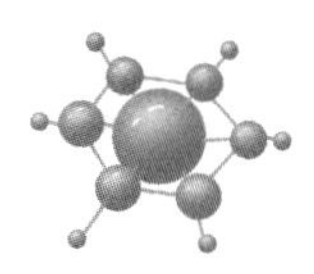

(3) 对数运算时，对数值的整数部分不是有效数字，小数才是有效数字，并且与真数的有效数字位数相同，比如真数为 $K=3.4\times10^5$，$\lg K=5.53$。

二、列表法

物理化学实验一般获得较多原始实验数据，在数据处理过程中还会产生一些相应的数据，这些数据应该尽可能通过列表表达出来，使得全部数据一目了然，便于处理运算。将自变量和因变量对应着排列起来，从表格上就能清楚、迅速地看到不同自变量下因变量对应的数值，容易检查而减少差错，有助于发现实验数据中的规律。列表时应注意以下几点：

(1) 每一个表都应有合适的名称。

(2) 在表的每一行或每一列的第一栏，要详细写出名称、单位，可以把二者表示为相除的形式。

(3) 表中的数据应化为最简单的形式表示，公共的乘方因子应在第一栏注明。公共乘方因子可与名称或单位相乘，与名称相乘时乘方指数异号。

(4) 表格布局先自变量后因变量，实验数据的排列最好依次递增或递减。

(5) 在每一列中数字排列要整齐，位数和小数点要对齐。

(6) 原始数据可与处理数据并列在一张表上，处理方法和运算公式可以在表下注明。

三、作图法

作图法应用极为广泛，利用图形表达实验结果有很多好处，实验数据间的相互关系表现得更为直观，能直接显示出数据的特点和规律，如极大、极小、转折点、周期性、变化速率等，并能够利用图形作切线、算面积，以及求内差值、外推值、经验方程等，并对数据做进一步处理。

物理化学实验中使用较多的是平面直角坐标图，以自变量为横坐标，因变量为纵坐标，将实验数据描绘成图来表达变量之间的关系。作图法也存在误差，作图技术水平的高低直接影响实验结果的准确性，需要认真掌握作图技术。最常用的坐标纸是直角坐标纸，下面列出作图的一般步骤及基本规则：

(1) 坐标的范围要能包含全部测量数据，横轴和纵轴的读数不一定从 0 开始，可视情况而定。

(2) 坐标轴上比例尺的选择极为重要，由于比例尺的改变，曲线形状也将跟着改变，若选择不当，可使曲线的极大、极小或转折点等特殊部分看不清楚。比例尺的选择应遵守下述规则：尽可能表示出全部有效数字，以使从作图法求出的物理量的精确度与测量的精确度相适应；图纸每小格所对应的数值应便于读数、计算，即坐标的分度要合理；若作的图是直线，则比例尺的选择应使其斜率接近于 1。

(3) 选定比例尺后，画上坐标轴，在轴旁注明该轴所代表变量的名称及单位，在纵轴之左面及横轴下面每隔一定距离写下该处变量的值，以便作图及读数，横轴读数自左至右，纵轴自下而上。

(4) 将与测得数据相对应的各点绘于图上，在点的周围画上圆圈、方块或其他符号，其面积的大小应代表测量的精确度，在一张图纸上如有数组不同的测量值时，各组测量值之代表点用不同符号表示，并在图上注明。

（5）根据实验数据点的分布情况，绘制直线或曲线。如果理论上已阐明自变量和因变量为线性关系，或从描点后的各点走向来看是一条直线，就应画为一条直线，否则就应按曲线来反映这些点的规律。用直尺画直线，用曲线板作曲线，描出的曲线应平滑均匀。绘制直线或曲线时，应尽可能多地通过数据点，对于不能通过的点，在直线或曲线两边分布的数量应尽可能相等，且两边各点到直线或曲线的距离之和应近似相等。

（6）在合适的位置写上清楚完备的图名。

四、方程式法

一组实验数据用数学方程式表示出来，不但表达方式简单，也便于求微分、积分等数学运算。方程式是理论探讨的线索和根据，便于进一步做理论分析。经验方程式是借助数学方法从实验数据中得到函数关系的近似表达式。由实验数据拟合的经验方程式，一旦确定方程常数，自变量和因变量之间就有了明晰的关系，可以很方便地由自变量计算出因变量。另外，一些经验方程式中的系数是与某一物理量相关的，有一定的数学关系，通过系数可以求得物理量的值。

一个较理想的经验方程式，一方面应要求形式简单，所含常数较少；另一方面要求能够准确表达实验数据。对于一组实验数据，一般没有可以直接获得一个理想经验方程式的简单方法，经验方程式是经过探索而来的。拟合经验方程式的一般步骤如下：

（1）将实验数据作图，根据曲线形状与已知方程的曲线相比较，寻找较为合适的经验方程式。

（2）根据实验数据确定经验方程中的常数。

（3）用作图或计算的方法检验方程与实验数据的相符程度。

（4）如果相符程度不满意，则修正经验方程，至拟合效果满意为止。

直线方程式是较简单的经验方程式，又容易直接检验，拟合经验方程应尽量采用直线方程式。当自变量和因变量为非线性关系时，有些非线性函数可以通过坐标变换进行线性化。一些非线性函数的线性化变换如表 1-3-1 所示。

表 1-3-1　一些非线性函数的线性化变换

原函数式	线性式	线性式坐标轴
$y=ae^{bx}$	$\ln y=\ln a+bx$	$\ln y$-x
$y=ab^{x}$	$\lg y=\lg a+x\lg b$	$\lg y$-x
$y=ax^{b}$	$\lg y=\lg a+b\lg x$	$\lg y$-$\lg x$
$y=\frac{a}{b+x}$	$\frac{1}{y}=\frac{b}{a}+\frac{x}{a}$	$\frac{1}{y}$-x
$y=\frac{ax}{1+bx}$	$\frac{1}{y}=\frac{1}{ax}+\frac{b}{a}$	$\frac{1}{y}$-$\frac{1}{x}$
$y=\frac{x}{ax+b}$	$\frac{x}{y}=ax+b$	$\frac{x}{y}$-x

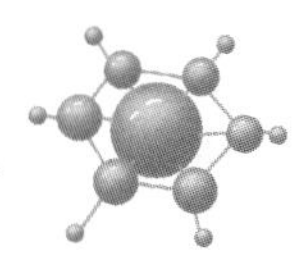

设直线方程式为

$$y=mx+b$$

有以下几种方法可以求得斜率 m 和截距 b。

1. 图解法

用实验数据作图，如果得一直线，将直线延长交于 y 轴，截距为 b，由直线与 x 轴的夹角可求斜率 m；或者在直线上取两点，代入直线方程，也可求得 m、b。

2. 平均法

平均法的基本原理是在一组测量数据中，正负偏差出现的概率相等，在最佳的线性上，所有偏差的代数和为零。n 组实验数据平均分成两组，令

$$m\sum_{i=1}^{k}x_i+kb-\sum_{i=1}^{k}y_i=0$$

$$m\sum_{i=k+1}^{n}x_i+(n-k)b-\sum_{i=k+1}^{n}y_i=0$$

代入实验数据，可求得 m、b。

3. 最小二乘法

根据偏差的平方和为最小的条件来选择直线方程常数的方法叫作最小二乘法。令

$$S=\sum_{i=1}^{n}(mx_i+b-y_i)^2$$

由函数有极值的条件可知，

$$\frac{\partial S}{\partial m}=2\sum_{i=1}^{n}x_i(mx_i+b-y_i)=0$$

$$\frac{\partial S}{\partial b}=2\sum_{i=1}^{n}(mx_i+b-y_i)=0$$

整理后得，

$$m\sum_{i=1}^{n}x_i^2+b\sum_{i=1}^{n}x_i=\sum_{i=1}^{n}x_iy_i$$

$$m\sum_{i=1}^{n}x_i+nb=\sum_{i=1}^{n}y_i$$

代入实验数据解方程组，可求得 m、b。

应用最小二乘法拟合的直线方程式，通常以皮尔逊(Pearson)相关系数 r 表示实验数据与拟合直线的偏离程度，$0\leqslant|r|\leqslant1$，$|r|=0$ 表示完全不线性相关，$|r|=1$ 表示完全线性相关。皮尔逊相关系数定义为两个变量之间的协方差和标准差的商。

$$r=\frac{\sum_{i=1}^{n}(x_i-\overline{x})(y_i-\overline{y})}{\sqrt{\sum_{i=1}^{n}(x_i-\overline{x})^2}\sqrt{\sum_{i=1}^{n}(y_i-\overline{y})^2}}$$

由上式经过推导运算，可得

$$r=\frac{\sum_{i=1}^{n}x_iy_i-\frac{1}{n}\sum_{i=1}^{n}x_i\sum_{i=1}^{n}y_i}{\sqrt{\left[\sum_{i=1}^{n}x_i^2-\frac{1}{n}\left(\sum_{i=1}^{n}x_i\right)^2\right]\left[\sum_{i=1}^{n}y_i^2-\frac{1}{n}\left(\sum_{i=1}^{n}y_i\right)^2\right]}}$$

第四节　应用 Excel 处理实验数据

在实验数据处理上，计算机数据处理软件已被广泛应用，如 Excel、Origin、MATLAB 等。物理化学实验数据处理较为复杂，介绍一些计算机数据处理方法，可以引导学生学习数据处理软件，提高数据处理的效率和准确性。同时，物理化学实验作为一门基础实验课，需要对学生进行手工计算、作图、分析等方面的训练，使学生能较好地掌握数据处理的基本原理。这里以 Excel 为例，介绍应用计算机软件处理实验数据的基本方法。

Microsoft Excel 是一种电子表格软件，具有强大的数据分析功能，是应用最为普遍的计算机数据处理软件。一般计算机中都有 Office 套装软件 Excel，可进行实验数据的处理和一般函数曲线的绘制，下面举例说明如何进行线性拟合及作曲线图。

一、线性拟合

某纯物质气液平衡时，符合关系式

$$\ln p=\frac{m}{T}+b$$

其中，m、b 为常数。测定一组温度 t 与饱和蒸气压 p 的实验数据如表 1-4-1 所示。

表 1-4-1　某物质温度与饱和蒸气压实验数据

t/℃	75.85	72.15	69.85	64.75	61.85	59.55	54.45	49.85
p/kPa	99.04	89.39	82.26	68.89	63.56	57.88	50.51	42.15

1. 数据处理计算

把 t、p 实验数据输入 Excel 表格，并进行运算得表 1-4-2。Excel 可通过算式进行批量运算，方便对实验数据做计算处理。在 Excel 表格中进行运算如图 1-4-1，在 B2 单元格中输入“＝1000/(A2＋273.15)”，按回车键或点击编辑栏前的“√”，单元格即显示计算结果，然后将光标移到 B2 单元格右下角，当光标由空心“十”字变成实心“**十**”后，按住鼠标左键向下拖动至 B9 单元格，松开鼠标各单元格即显示计算结果。ln$p$ 的运算类似，在 D2 单元格输入“＝ln(C2＊1000)”。

表 1-4-2　某物质温度与饱和蒸气压实验数据处理

t/℃	T/K	T^{-1}/K^{-1}	T^{-1}/($10^{-3}K^{-1}$)	p/kPa	p/(10^3Pa)	ln(p/Pa)
75.85	349.00	0.0028653	2.8653	99.04	99.04	11.5033
72.15	345.30	0.0028960	2.8960	89.39	89.39	11.4008

续表

t/℃	T/K	T^{-1}/K^{-1}	T^{-1}/($10^{-3}K^{-1}$)	p/kPa	p/(10^3Pa)	ln(p/Pa)
69.85	343.00	0.0029155	2.9155	82.26	82.26	11.3176
64.75	337.90	0.0029595	2.9595	68.89	68.89	11.1403
61.85	335.00	0.0029851	2.9851	63.56	63.56	11.0597
59.55	332.70	0.0030057	3.0057	57.88	57.88	10.9661
54.45	327.60	0.0030525	3.0525	50.51	50.51	10.8299
49.85	323.00	0.0030960	3.0960	42.15	42.15	10.6490

FACT ▾ | × ✓ f_x | =1000/(A2+273.15)

	A	B	C	D
1	t/°C	T^{-1}/($10^{-3}K^{-1}$)	p/kPa	ln(p/Pa)
2	75.85	=1000/(A2+273.15)	99.04	
3	72.15		89.39	
4	69.85		82.26	
5	64.75		68.89	
6	61.85		63.56	
7	59.55		57.88	
8	54.45		50.51	
9	49.85		42.15	

图 1-4-1 Excel 表格算式运算

根据运算结果的有效数字保留原则，T^{-1}保留 5 位有效数字，ln$p$ 小数点后保留 4 位有效数字。有效数字的设置以 ln$p$ 为例，用鼠标选中 D2～D9，右击鼠标，在跳出的菜单中点击“设置单元格格式”，如图 1-4-2，选择数字、数值，小数位数调为 4，计算结果将保留小数点后 4 位，并自动四舍五入。

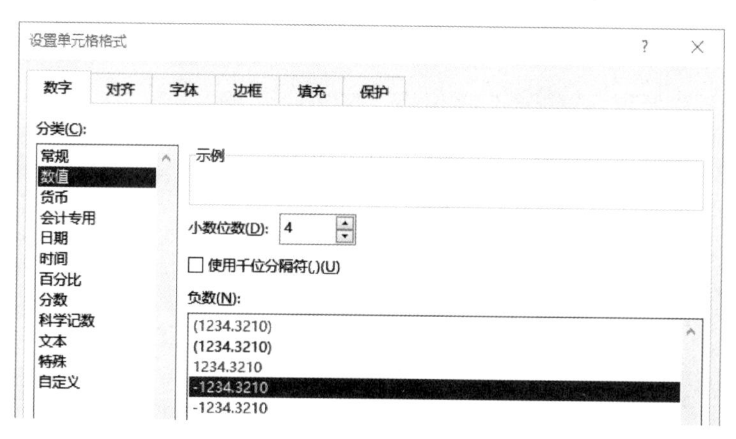

图 1-4-2 Excel 表格有效数字设置

2. 图形绘制

图 1-4-3 是应用 Excel 作直线图的最后结果。用鼠标选中 x 轴数据，按住“Ctrl”键，

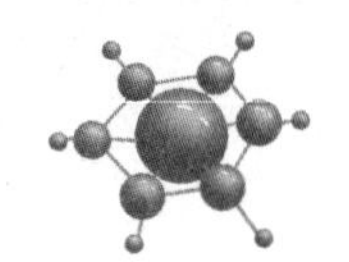

再用鼠标选中 y 轴数据。单击“插入”,在“插入”菜单栏“图表”中点击“ ”,跳出“插入图表”窗口,如图 1-4-4,点击“所有图表”“XY 散点图”,在“XY 散点图”中的“散点图”,选择适合模板并点击,然后点击“确定”,在 Excel 表格上就显示表达实验数据的散点图。点击散点图,拉动边线或对角,可改变散点图的大小和长宽比(作图时长宽近似相等较好)。点击散点图,散点图右上角显示“**+**”;点击“**+**”,跳出“图表元素”小窗口,如图 1-4-5,选择“坐标轴”“坐标轴标题”“图表标题”“网格线”“趋势线”,填充坐标轴标题和图表标题。在“趋势线”处点击“>”,在跳出的小窗口中点击“更多选项”,在“设置趋势线格式”窗口,选择“趋势线选项”为线性,并选择“显示公式”和“显示 R 平方值”。如果公式和 R^2 在图中显示的位置不合适,移动光标至公式和 R^2 处,然后按住鼠标左键拖动至合适位置。点击直线图,当光标旁显示“图表区”,可以在 Excel 表格中拖动图形至合适的位置。直线图也可以从 Excel 表格中单独复制,如图 1-4-6。

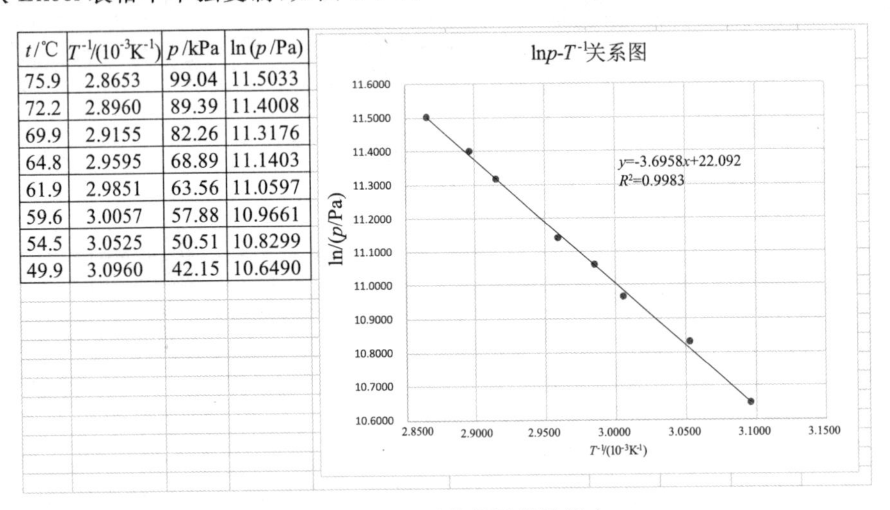

t/℃	T^{-1}/(10^{-3}K^{-1})	p/kPa	ln (p/Pa)
75.9	2.8653	99.04	11.5033
72.2	2.8960	89.39	11.4008
69.9	2.9155	82.26	11.3176
64.8	2.9595	68.89	11.1403
61.9	2.9851	63.56	11.0597
59.6	3.0057	57.88	10.9661
54.5	3.0525	50.51	10.8299
49.9	3.0960	42.15	10.6490

图 1-4-3　Excel 作图及线性拟合

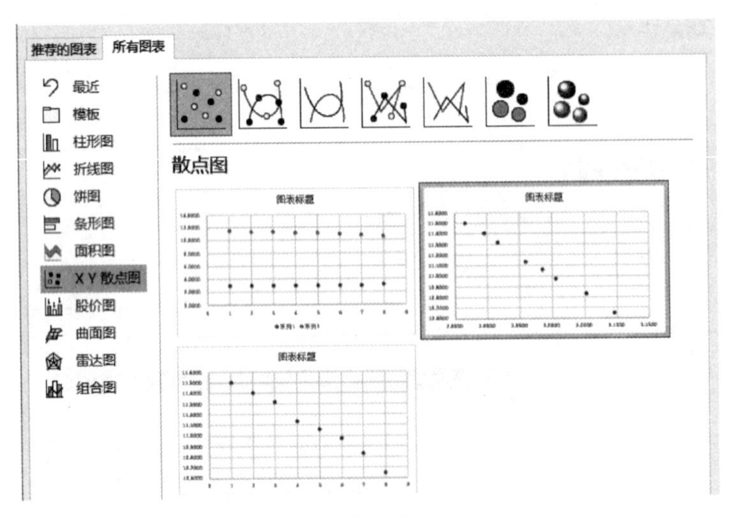

图 1-4-4　Excel 作图“插入图表”窗口

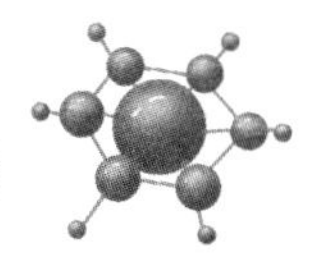

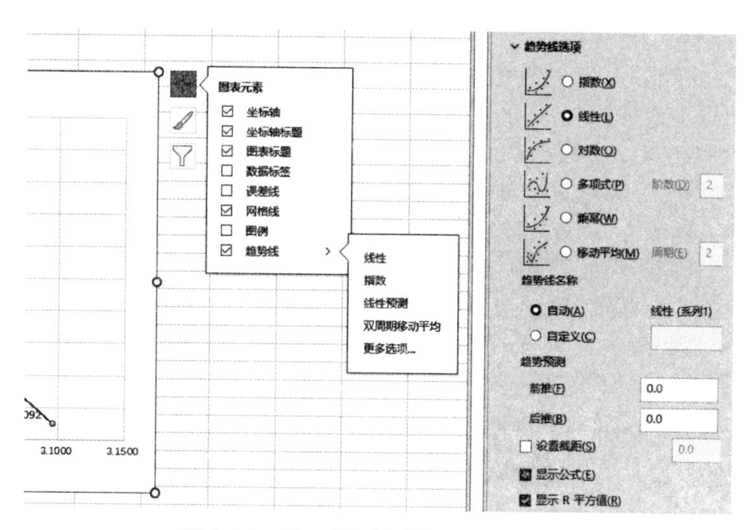

图 1-4-5　Excel 散点图的图表元素选择

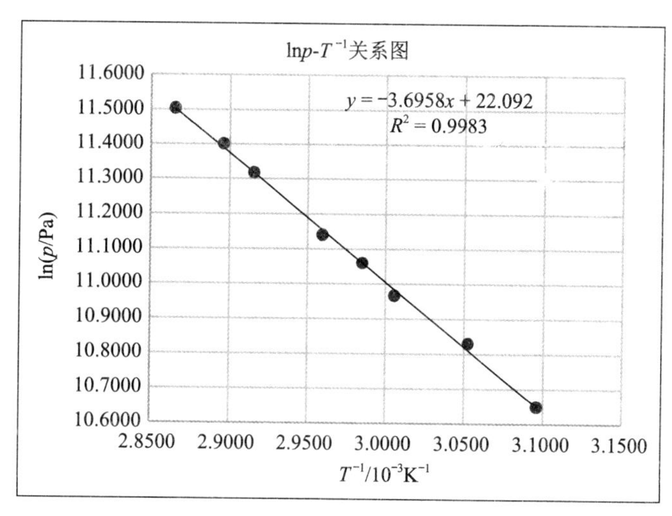

图 1-4-6　应用 Excel 作直线图

二、作曲线图

某金属 A 和金属 B 可组成低共熔物，应用热分析法测定这两种金属的二元相图，测得步冷曲线的相关数据，如表 1-4-3。纯 A、纯 B、低共熔物的步冷曲线只有平台，其他混合物的步冷曲线既有拐点又有平台，作相图时纯 A、纯 B 的低共熔点平台温度取低共熔物熔点。

表 1-4-3　金属 A-B 体系步冷曲线实验数据

w_A/%	0	15	25	40	55	75	90	100
平台 T/K	546.2	—	—	—	—	—	—	595.5
拐点 T/K	—	520.5	487.5	—	475.4	553.4	585.7	—
低共熔点平台 T/K	—	413.6	412.8	413.2	413.8	412.9	413.5	—

在直角坐标图上，把开始有固态出现的温度点和结晶终点的温度点分别连接起来，便得简单低共熔二元相图。为了使有固态出现的连接线是平滑的，且在低共熔点处有明显的折角，把有固态出现的连接线分为两段，0%～40%为一段，40%～100%为另一段，在Excel作图时就有三组 x-y 数据。

用鼠标选中“w_A/%”列为 x 轴数据，按住“Ctrl”键，再用鼠标选中三列“T/K”为 y 轴数据。进入“插入图表”，在“XY散点图”中点击“带平滑线和数据标记的散点图”，选择合适模板并点击。在“图表元素”中选择“坐标轴”“坐标轴标题”“图表标题”“网格线”“图例”，如图1-4-7，在“坐标轴”处点击“>”，点击“更多选项”，在“坐标轴选项”的“边界”可设置坐标轴的最小值和最大值，“坐标轴选项”有下拉菜单，可选择 x 轴、y 轴。应用Excel作A-B体系低共熔二元相图，结果如图1-4-8所示。

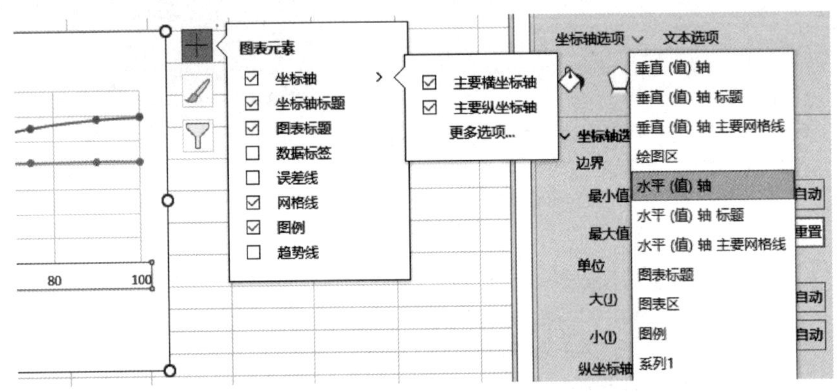

图1-4-7　Excel散点图坐标轴选择

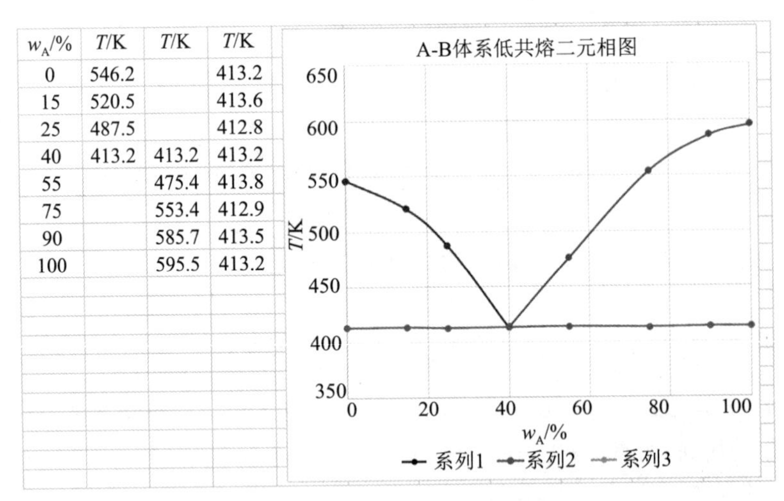

w_A/%	T/K	T/K	T/K
0	546.2		413.2
15	520.5		413.6
25	487.5		412.8
40	413.2	413.2	413.2
55		475.4	413.8
75		553.4	412.9
90		585.7	413.5
100		595.5	413.2

图1-4-8　应用Excel作曲线图

第五节　实验室安全

我国非常重视安全生产工作，努力提高安全治理水平，坚持安全第一、预防为主，建立

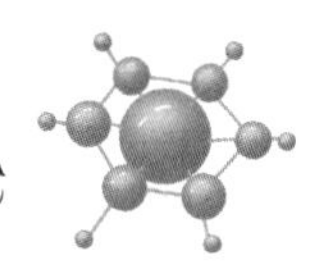

各种安全保障体系。物理化学实验室属于化学实验室，也属于教学实验室，要推进安全风险整治，加强实验教学全过程的安全监管，建立完善的实验室安全防控体系。根据物理化学实验室的特点，结合本书的实验项目，下面介绍一些相关的实验室安全防护知识。

一、化学品

大多数化学品都具有不同程度的毒性，化学品可以通过呼吸道、消化道和皮肤进入人体体内，因此防毒的关键是要尽量杜绝和减少化学品进入人体。

(1) 实验前应了解所用药品的毒性、性能和防护措施，进入实验室应穿实验服，根据实验内容选择佩戴手套、口罩、护目镜等防护用具。

(2) 使用化学品应打开实验台上的通风设备，挥发性较大、毒性较大的化学品应在通风柜中操作，严禁凑近试剂用鼻子闻。

(3) 实验过程中，如果有试剂洒落或溅出，应立即清除，严禁用嘴向药品粉末吹气。

(4) 有些化学品，如大部分有机溶剂脂溶性较强，能穿过皮肤进入人体内，应避免直接与皮肤接触，操作时应戴实验用手套。

(5) 强酸、强碱、强氧化剂等都会腐蚀皮肤，尤其应防止它们溅入眼内，操作时应戴手套、护目镜。较强腐蚀性化学品洒落到身体，要立即用大量水冲洗，对遇水会放出较大热量的化学品，应先用布擦掉再冲洗。强腐蚀性化学品溅入眼内，可用洗眼器冲洗眼睛。如图 1-5-1，拿开防尘盖，取出洗眼器对着眼睛，按下开关，即可冲洗眼睛。强腐蚀性化学品洒落身上，根据情况可使用紧急冲淋器，拉下拉杆即可冲淋。紧急冲淋器及操作示意如图 1-5-2 所示。

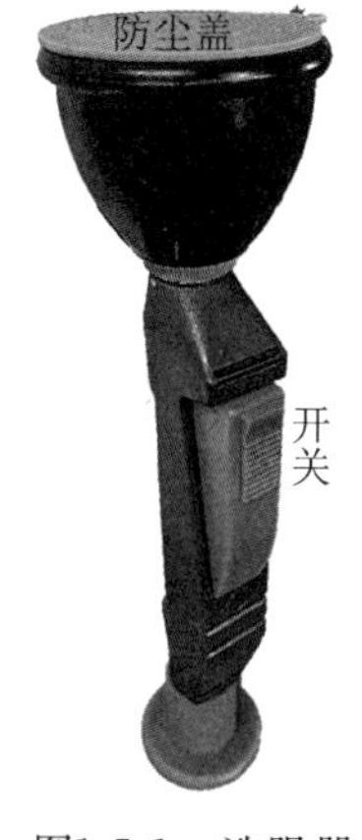

图1-5-1　洗眼器

图 1-5-2　紧急冲淋器及操作示意

(6) 在常温下汞逸出蒸气，吸入体内会使人受到毒害。如果在一个不通风的房间内，而又有汞直接露于空气时，就有可能使空气中汞蒸气超过安全浓度。如果水银温度计、水银气压计等装有汞的仪器损坏破裂，造成汞洒落出来，应尽可能将汞收集起来，放入密封玻璃瓶中并按废弃化学品处理，然后用硫黄粉覆盖在有汞溅落的地方，使汞变为硫化汞(HgS)。

(7) 饮食用具不得带到实验室内，严禁在实验室内喝水、吃东西，离开实验室时要洗净双手。

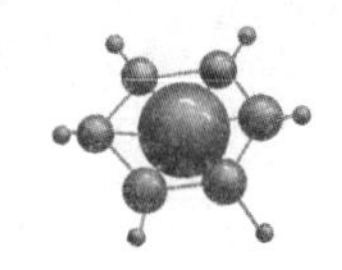

二、气瓶

1. 气瓶类型

(1) 按盛装介质的物理状态分为三类。① 永久性气体气瓶。临界温度低于−10 ℃的气体称为永久性气体。② 液化气体气瓶。用于储存临界温度等于或高于−10 ℃的各种气体,这类气体经加压和降温后变为液体。③ 溶解气体气瓶。如装乙炔的气瓶,乙炔不能以压缩气体状态充装,必须溶解在溶剂(常用丙酮)中,并在内部充满多孔物质作为吸收剂。

(2) 根据公称工作压力分为两类。① 高压气瓶。指公称工作压力大于或者等于 8 MPa 的气瓶。② 低压气瓶。指公称工作压力小于 8 MPa 的气瓶。对于永久性气体气瓶,公称工作压力是指在基准温度时(一般为 20 ℃)所盛装气体的限定充装压力。对于液化气体气瓶,公称工作压力是指温度为 60 ℃时瓶内气体压力的上限值。

(3) 按制造方法分为三类。① 钢制无缝气瓶。以钢坯为原料经冲压拉伸制造,或以无缝钢管为材料经热旋压收口收底制成。② 钢制焊接气瓶。以钢板为原料冲压卷焊制造的钢瓶。③ 缠绕玻璃纤维气瓶。是以玻璃纤维加黏结剂缠绕或碳纤维制造的气瓶。

2. 气瓶一般使用规则

气瓶的主要危险是可能爆炸和漏气。气瓶爆炸的主要原因是气瓶受热而使内部气体膨胀,以致压力超过气瓶的最大负荷而爆炸,或者瓶颈螺纹损坏,当内部压力升高时,冲脱瓶颈。另外,如果气瓶材料不佳或受到腐蚀,一旦在气瓶坠落或撞击坚硬物时,就会发生爆炸。气瓶是存在危险的,使用时要严格遵守使用规则,下面列举一些注意事项:

(1) 使用可燃性气体时,室内通风要良好,要远离火源、热源,应尽可能避免氧气瓶和其他可燃性气瓶放在同一房间内使用。

(2) 氢气瓶要远离易燃易爆物质、可燃性气体、氧化性气体,以及普通电气设备、空调通风设备、明火,最好放在通风良好的独立小屋。

(3) 有的气体本身有毒,如一氧化碳、氯气,有的气体是窒息性气体,如二氧化碳、氮气、惰性气体,使用这些气体时要注意防毒、防窒息。

(4) 搬运气瓶前要把瓶帽旋上,动作要轻稳,放置使用时必须固定好。气瓶应存放在阴凉、干燥、远离热源的地方。

(5) 使用前要注意气瓶上的标字和出厂标签,避免混淆。使用气瓶要用相应的减压阀(气压表),各种减压阀一般不能混用。

(6) 开启气门时应站在减压阀的另一侧,不要对着气瓶总阀门出口方向,以防减压阀冲出伤人。

(7) 不可把气瓶内的气体用尽,剩余压力应符合相关规定。

(8) 使用期间的气瓶,每隔三年至少要进行一次检验,装腐蚀性气体的气瓶,每两年至少要检验一次。注意实验室气瓶的存放时间,超过检验年限要及时更换。

三、防爆

当可燃性气体和空气的混合比例处于爆炸极限时,只要有一个适当的热源诱发,将引起爆炸。实验室形成爆炸混合气体的主要原因是可燃性气瓶、气路漏气或使用不当,造成

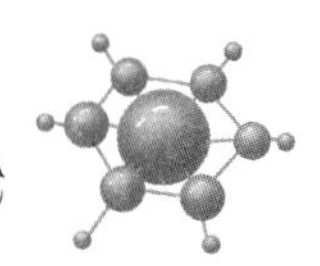

较多可燃性气体散失到室内空气中。因此,应注意检查气瓶、气路是否漏气,实验方案、用气操作要科学规范,同时保持室内通风良好,打开门窗,开启通风系统。在操作大量可燃性气体时,严禁同时使用明火,必须防止产生电火花或其他撞击火花。某些气体与空气相混合的爆炸极限见表 1-5-1。

表 1-5-1 与空气相混合的某些气体的爆炸极限(体积分数)(20 ℃,101325 Pa)

气体	高限/%	低限/%	气体	高限/%	低限/%
氢气	74.2	4.0	乙酸	—	4.1
乙烯	28.6	2.8	乙酸乙酯	11.4	2.2
乙炔	80.0	2.5	乙醚	36.5	1.9
苯	6.8	1.4	丙酮	12.8	2.6
乙醇	19.0	3.3	氨气	27.0	15.5

四、防电

防止触电需注意以下几个问题:

(1) 操作电器时,手必须干燥,因为手潮湿时,电阻显著减小,容易引起触电。

(2) 电气设备、电源插头、电源线要保持干燥,实验时防止被水淋湿。

(3) 一切电源裸露部分都应有绝缘装置,电线接头应裹以胶布、胶管,已损坏的接头或绝缘不良的电线应及时更换。

(4) 修理或安装电器设备时,必须先切断电源。

(5) 遇到有人触电,应首先切断电源,然后进行抢救。如果是在仪器上触电,可拔出该仪器的电源插头;如果不方便拔电源插头,或在插座、电源线上触电,可拉下实验室配电箱的电源总开关。实验前要先了解实验室电源总开关的位置,总开关一般在配电箱的最上部。配电箱及其内部结构如图 1-5-3 所示。

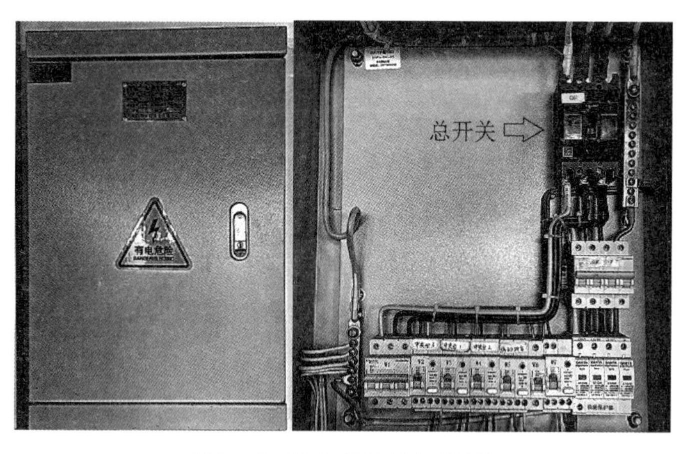

图 1-5-3 配电箱及其内部结构

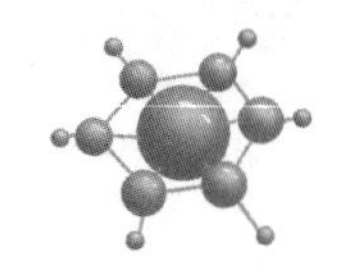

五、防火

实验室中使用的有机溶剂大部分是易燃的，这类药品实验室不可存放过多，使用时要远离火源并保证实验室有良好通风，用后要及时回收处理。还有些物质能自燃，如黄磷在空气中就能发生氧化，自行升温燃烧起来。一些金属如铁、锌、铝等较细粉末，由于比表面积很大，也易在空气中氧化燃烧，应严格遵守存放和使用规定。使用功率较大的仪器，应该事先计算电流量，否则长期使用超过规定负荷的电流时，容易引起火灾或其他严重事故。

物质燃烧需具备三个条件：可燃物、氧气或氧化剂以及一定的温度。万一着火应冷静判断情况，可以采取隔绝氧气、降低温度、隔离可燃物的办法。电器着火应首先断开电源，然后再灭火。水是最常用的灭火物质，可降低燃烧物质的温度，并且形成“水蒸气幕”，能在较长时间内阻止空气接近燃烧物质。但是，实验室有些物质不适合用水灭火，如密度比水小的易燃液体，带电的电气设备或系统，以及钠、钾、镁、铝粉、过氧化钠等。灭火时不能慌乱，平时应知道各种灭火器材的使用和存放地点。实验室走廊一般有消防箱（图 1-5-4），按下箱门上的按钮，弹出拉手即可开门。消防箱一般有放置干粉灭火器（图 1-5-5），拿出灭火器至起火处，拔下保险销，喷射软管从卡扣拉出，手握喷射软管，喷嘴对准火焰根部，压下手把。

图 1-5-4　消防箱

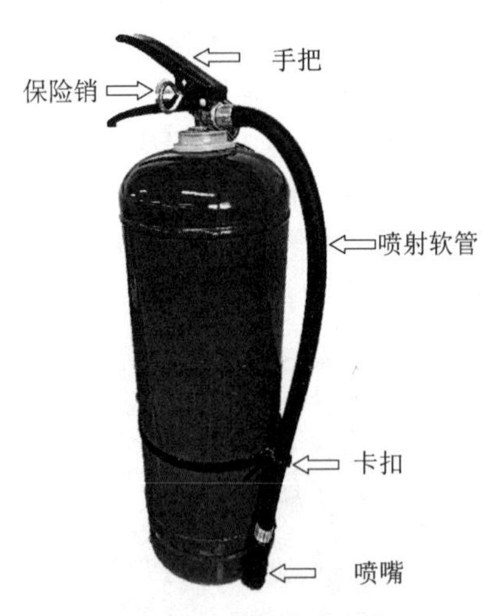

图 1-5-5　干粉灭火器

当火势无法控制，可能危及人身安全时，人员应撤离现场，并尽快报火警。进入实验室前应了解安全疏散图，走廊一般有安全疏散图（图 1-5-6），突发较大火灾时按疏散图离开。实验室走廊一般有应急物品箱（图 1-5-7），内存火灾逃生面具，可根据需要取用。实验室应急物品箱也存有创可贴、碘伏、红霉素软膏、棉签、纱布等，如果实验时割伤、烫伤可取用。

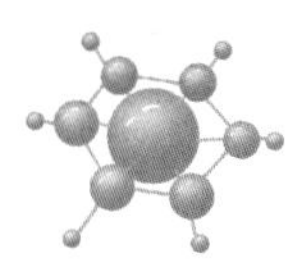

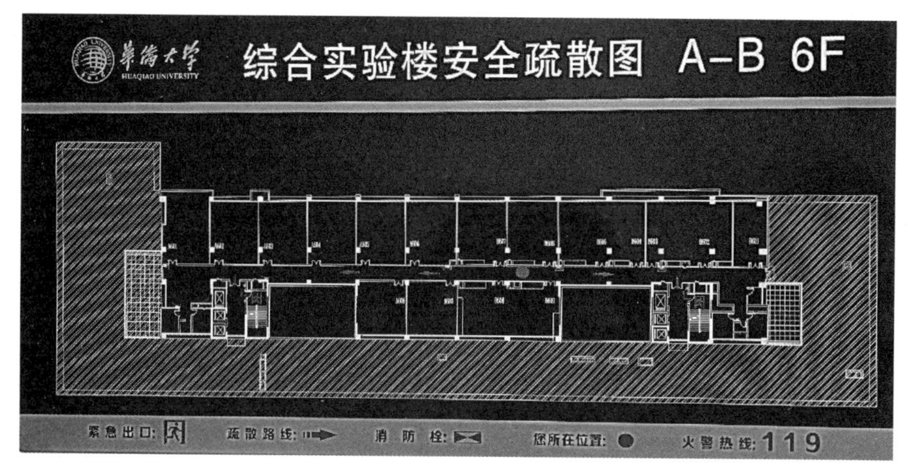

图 1-5-6　安全疏散

图 1-5-7　实验室应急物品箱

参考文献

[1] 北京大学化学学院物理化学实验教学组. 物理化学实验[M]. 4 版. 北京:北京大学出版社,2002.

[2] 傅献彩,侯文华. 物理化学[M]. 6 版. 北京:高等教育出版社,2022.

[3] 同济大学数学科学学院. 高等数学[M]. 8 版. 北京:高等教育出版社,2023.

[4] 唐林,刘红天,温会玲. 物理化学实验[M]. 2 版. 北京:化学工业出版社,2016.

[5] 王健礼,赵明. 物理化学实验[M]. 2 版. 北京:化学工业出版社,2015.

第二章　实验技术

第一节　电子天平

一、基本工作原理

电子天平的称量一般是基于电磁力与被测物的重力相平衡，其特点是称量准确可靠，平衡速度快，并具有自动检测系统、简便的校准方法、超载保护等。如图 2-1-1，电磁力平衡传感器主要由永磁体中的可动线圈、发光管、光敏管、位移检测器、PID 调节器(由比例单元 P、积分单元 I 和微积分单元 D 组成的调节器)等组成。处于磁场中的通电线圈将产生电磁力，这种电磁力 F 的大小为

$$F=BIL\sin\theta$$

式中，I 为电流强度；L 为导线长度；B 为磁感应强度；θ 为电流方向与磁场方向间的夹角。在电子天平中，通常选择 θ 为 90°，一定条件下 B、L 可视为常数，那么通过测量 I，即可间接测量被测物体的质量。秤盘加载后，遮光片向下移动，光敏管接收到发光管发出的光，由发光管、光敏管等组成的位移检测器把秤盘的载荷转变为电信号输出，经过 PID 调节器的智能化控制，转变成与被测物重力相对应的电流，驱动动圈产生向上的电磁力。

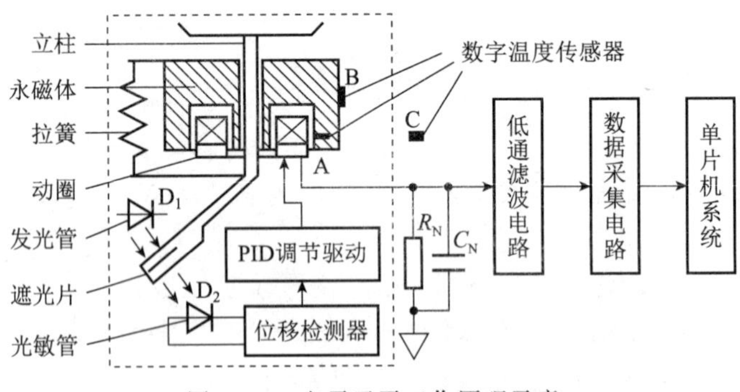

图 2-1-1　电子天平工作原理示意

二、使用说明

电子天平的操作大致类似，这里以赛多利斯 Talent 系列天平为例，做简要的使用说明。精度 0.01 g 电子天平和精度 0.1 mg 电子分析天平如图 2-1-2 和图 2-1-3 所示。

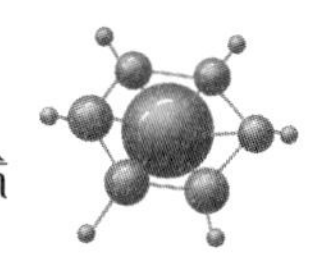

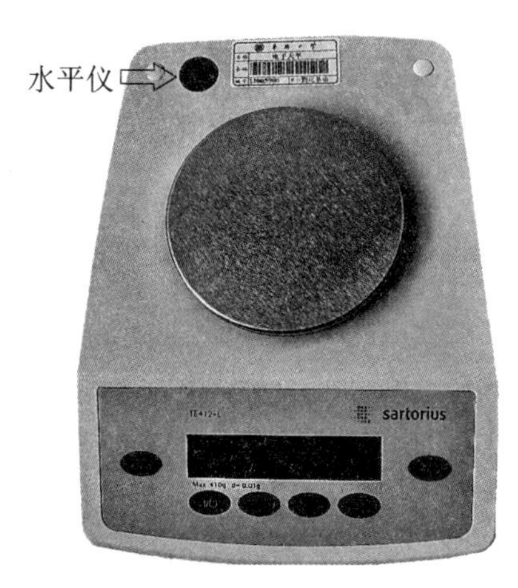

图 2-1-2　0.01 g 电子天平

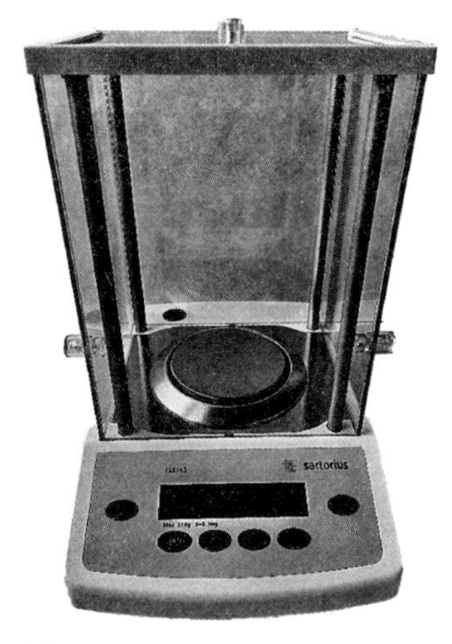

图 2-1-3　0.1 mg 电子分析天平

1. 调水平

如果水平仪中的水泡不位于中心，可调整天平下方左右两个调节脚，使水泡位于中心小圆圈内。水泡偏于哪边表明哪边高，调节脚顺时针转动调高，逆时针则调低。

2. 开启天平

先注意天平是否水平，秤盘上是否有其他物品，玻璃防风罩的玻璃门是否关闭，然后按下面板(图 2-1-4)上的电源开关，稍停片刻天平会自动调零并显示零示值。如果对测量结果要求的精确度较高，称量前天平必须先预热 30 min，使天平保持较为稳定的工作温度。

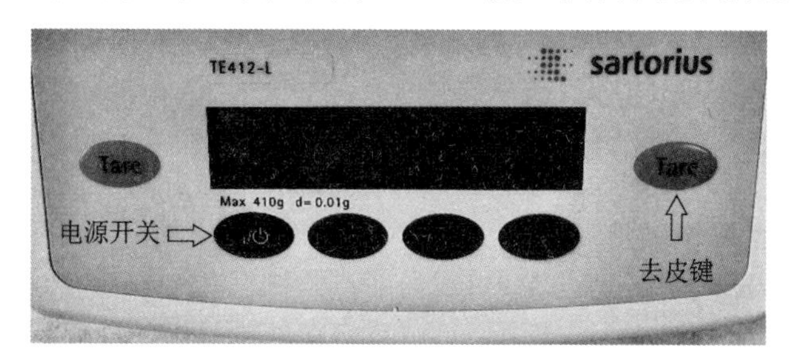

图 2-1-4　电子天平面板

3. 称量

(1) 为了保护秤盘，无论称量什么物品，都必须先放一张称量纸。

(2) 称量化学药品时，除了确实需要在称量纸上直接称量的，都应尽可能使用玻璃容器称量药品。

(3) 根据被测物的质量精确度要求，选择相应精度的天平。比如称取大约 15 g 蔗糖，只要使用精度 0.01 g 电子天平即可；如果使用精度 0.1 mg 电子分析天平，既增加操作的复杂性，又无益于提高实验结果的精确度。

(4) 精度 0.1 mg 电子分析天平称量方法如下：把称量物质的容器放于称量纸上，关闭玻璃门，待数显稳定后按“Tare”键，天平将显示 0.0000 g，然后打开玻璃门，拿出容器，把要称量的物质放于容器内，关闭玻璃门，示值即为被称物的质量。

(5) 有物品掉于天平内必须用小刷子扫出,有物品掉于天平四周必须清理干净。

4. 校准

新安装的天平或较长时间未使用的天平,在使用前应进行校准,为了保证称量的精确度,使用中的天平最好也按适当的时间间隔进行校准。电子天平校准分内部校准和外部校准,这里以赛多利斯 Talent 系列天平为例介绍外部校准。天平调水平、预热后,天平去皮,再按"Tare"键超过 2 s,天平显示不带单位的砝码质量值,然后放置所显示的砝码,显示带单位的砝码质量值,取下砝码,示值为零,就完成校准。

第二节　温度的测量

一、温度和温标

温度是表征物体冷热程度的物理量,微观上反映物体分子无规则运动的剧烈程度,它不像体积、质量可用直接比较的方法获得测量值。因此,用于测量温度的物质,应具有某些与温度密切相关且能严格复现的物理性质,例如物体的体积、电阻、温差电势、红外线、光亮度等。利用物体与温度相关的特性制成温度敏感元件,测量相关物理量,可间接获取被测对象的温度值,制成的各类测温仪器即为温度计。温度计可分为接触式和非接触式。接触式温度计是基于热平衡原理设计的,测温时将温度计触及被测系统,使其与系统处于热平衡,二者温度相等,其优点是测温精度相对较高;缺点是感温元件影响被测温度场的分布,接触不良会带来测温误差。非接触式温度计是利用电磁辐射的波长分布或者强度变化与温度间的函数关系制成的,其优点是不会改变被测物体的温度场,具有较高的测温上限,热惯性小,动态响应特性好,便于测量运动物体的温度及快速变化的温度;缺点是可能会受到被测对象表面状态或测量介质物性参数的影响。

测量温度需要温标,温标首先要有基准点,并确定基准点间的间隔,然后外推或内插求得其他温度值。摄氏温标是以水银-玻璃温度计测定水的相变点,在标准大气压下,冰水混合物的温度为 0 ℃,水的沸点为 100 ℃,两点之间分成 100 等份,这种温标与工作物质水银、玻璃的本性有关。根据查理-盖-吕萨克定律(Charles-Gay-Lussac law)

$$V_t=V_0(1+\alpha t)$$

实验测得理想气体的体积膨胀系数 α 为(273.15 ℃)$^{-1}$,上式 V_t 外推至 0 时,t 等于 −273.15 ℃,−273.15 ℃被认为是温度的最低极限。卡诺循环(Carnot cycle)得出结论,可逆热机的转换系数 η 只与高温热源 T_h、低温热源 T_c 有关,与工作物质无关。

$$\eta=1+\frac{Q_c}{Q_h}=1-\frac{T_c}{T_h}$$

热机从高温热源吸热Q_h,仅将其中一部分转变为功,另一部分Q_c 传给低温热源。当向低温热源放出的热Q_c 趋于 0 时,T_c 也趋于 0 K。开尔文(Kelvin)基于卡诺循环,提出与物质性质完全无关的"热力学温标"概念。在热力学温标中,只需确定一个基准点的热力学温度,就可以确定其他任何温度。国际计量大会定义水的三相点 273.16 K 为热力学温标的基本固定点。

热力学温标是理想温标,国际实用温标是用气体温度计来实现热力学温标的,但气体温

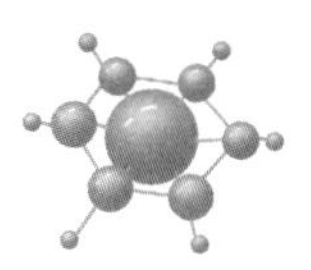

度计装置复杂，操作很不方便。目前使用的是 1990 年国际温标(ITS-90)：0.65～5.0 K 由氦蒸气压-温度方程定义，3.0～24.5561 K 由氦定容气体温度计作为基准温度计，13.8033～1234.93 K 由铂电阻温度计作为基准温度计，1234.93 K 以上由普朗克辐射定律定义。

二、水银温度计

水银热导率大，比热小，膨胀系数线性较好，不容易附着在毛细管壁上。水银的熔点 −38.9 ℃，沸点 356.7 ℃。这些性质使水银测温平衡较快，精度较高，范围较大，作为玻璃温度计工作物质有优势。实验室常用的水银温度计的分度值为 1 ℃和0.1 ℃，温差温度计可达 0.01 ℃。水银温度计(图 2-2-1)底端是储存水银的感温泡，感温泡容积远远大于毛细管容积，顶端是安全泡，减缓温度超过使用范围后引起温度计破裂，中间是毛细管和标尺。

水银温度计在使用时应注意以下几点：

(1) 根据测量系统选择不同量程、不同精度的温度计，要特别注意系统温度不能高于温度计测量上限。

(2) 温度计使用时应尽可能垂直放置，以免温度计内部水银压力不同而引起误差。

(3) 被测系统与温度计达到热平衡后方可读数，读数时水银柱液面刻度和眼睛应该同在一个水平面上。

(4) 当温度计受热后冷却，感温泡的体积会稍有改变，因为玻璃流动很慢，收缩到原来体积往往需要较长时间，要求准确测量温度时要注意这一点。

(5) 水银温度计容易损坏，使用时应规范操作。

温度计有全浸和非全浸两种，大部分是全浸式。全浸温度计在感温泡和水银柱完全浸入被测物质时示值是正确的，但测量时往往做不到这一点，要求精确测温时要做露茎校正，校正公式如下：

$$\Delta t = Kh(t_{观} - t_{环})$$

式中，K 为水银相对于玻璃的膨胀系数，约为 1.6×10^{-4}/℃；h 为露出被测系统外的温度数，以℃为单位；$t_{环}$ 为露出被测系统外水银柱的有效温度，如图 2-2-2，由放在水银柱露出一半位置的另一温度计读取。

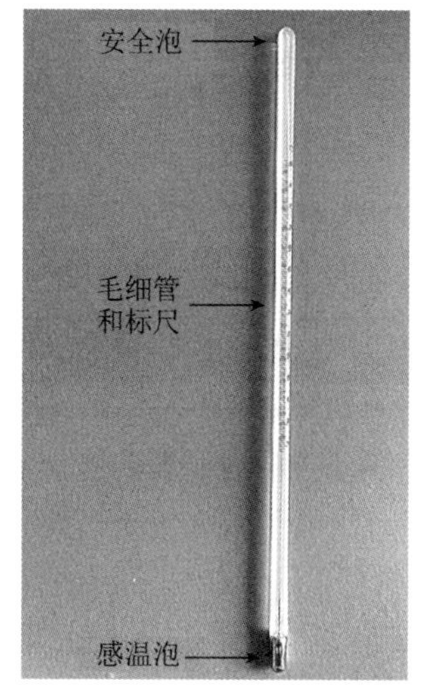

图 2-2-1　水银温度计

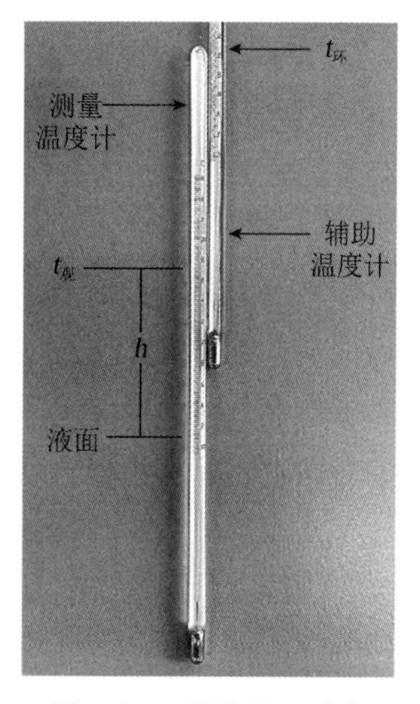

图 2-2-2　露茎校正示意

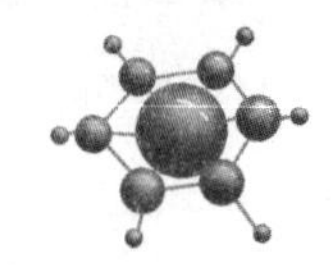

标准温度计有一等标准水银温度计和二等标准水银温度计，都由国家计量机构或制造厂家进行校正，给予检定证书。实验室水银温度计可由二等标准水银温度计校正，一等标准水银温度计可用作检定二等标准水银温度计。

三、电阻温度计

电阻温度检测器(resistance temperature detector，RTD)是利用金属或半导体的电阻随温度变化的原理制成的传感器。如图 2-2-3，铂性能稳定，具有很高重复性的电阻温度系数，电阻-温度的线性良好，可以达到较高的精确度，是中低温区常用的测温元件。如图 2-2-4，铂电阻温度计感温元件是由铂丝绕在石英、陶瓷、云母等绝缘材料的骨架上，并装于保护套中。Pt100 是铂电阻温度计常用型号，Pt100(385)表示感温元件 0 ℃时电阻为 100 Ω，100 ℃时电阻为 138.5 Ω，测温示值关系式如图 2-2-5 所示。

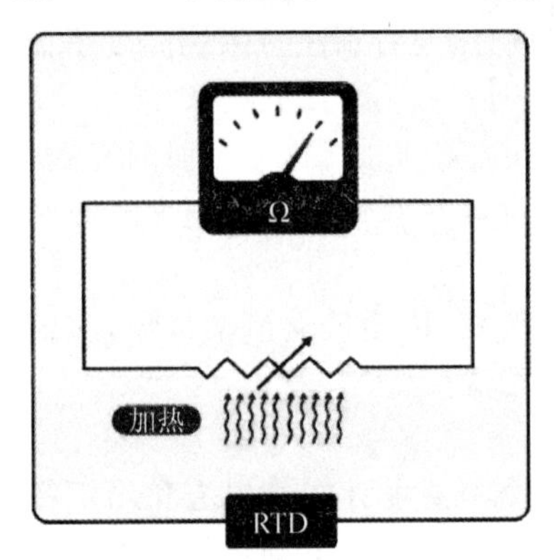

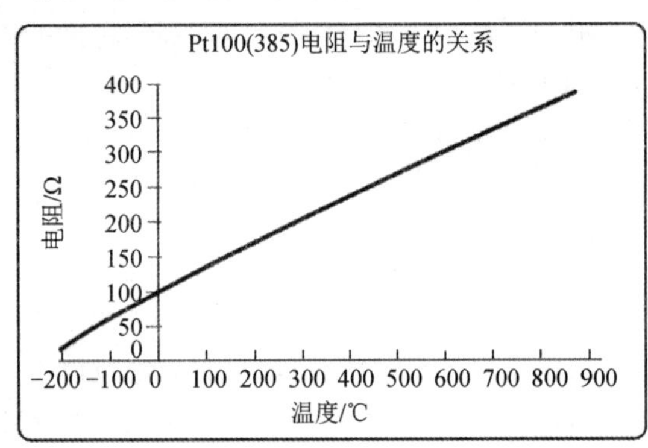

图 2-2-3　铂电阻温度计测温原理及线性关系

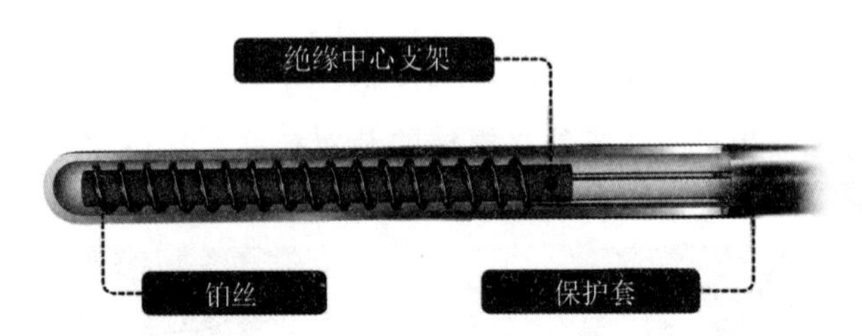

图 2-2-4　铂电阻温度计结构示意

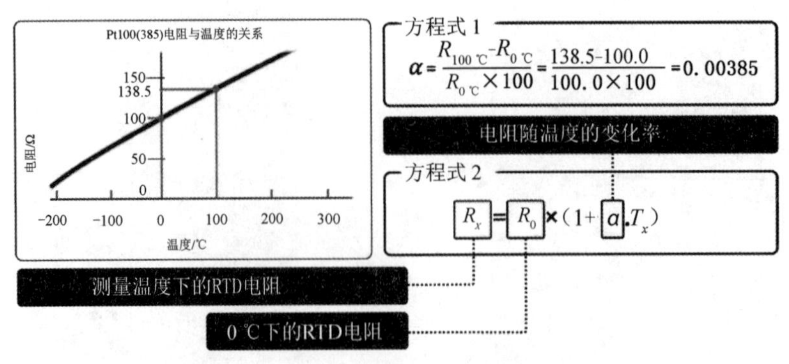

图 2-2-5　Pt100(385)测温示值关系式

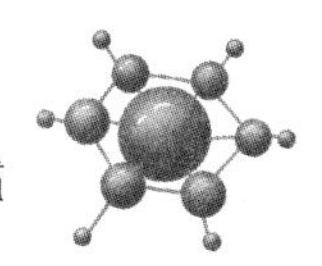

电阻温度计应用的除了金属电阻，还有热敏电阻。热敏电阻由金属氧化物半导体制成，分为正温度系数热敏电阻(PTC)和负温度系数热敏电阻(NTC)两类。热敏电阻的电阻和温度不是线性关系，但在较小范围内可近似为线性。热敏电阻温度系数较大，测量灵敏度较高，而且体积小，热容量小，响应快，可用于点温、表面温度以及快速变化温度的测量。热敏电阻的缺点是测量温度范围狭窄，制造时对电阻和温度关系的一致性较难控制，元件互换性差，电阻值会因老化而逐渐改变。

电阻温度计可由水银温度计校正，以 BZ 振荡反应实验装置的温度校正为例，如图 2-2-6，温度传感器和水银温度计置于低温被测系统中，待低点采样值趋于稳定时，输入水银温度计温度值并确定，然后在高点如上操作，即可完成温度校正。电阻温度计的校正主要由仪器设备管理人员和技术人员负责，为了避免普通使用者的误操作，校正入口一般比较隐蔽。如上海森信实验仪器有限公司的 DK-S 系列电热恒温水浴锅，同时按住“SET”“△”“▽”10 s 后，出现“CAL”，才可进行温度值校正。

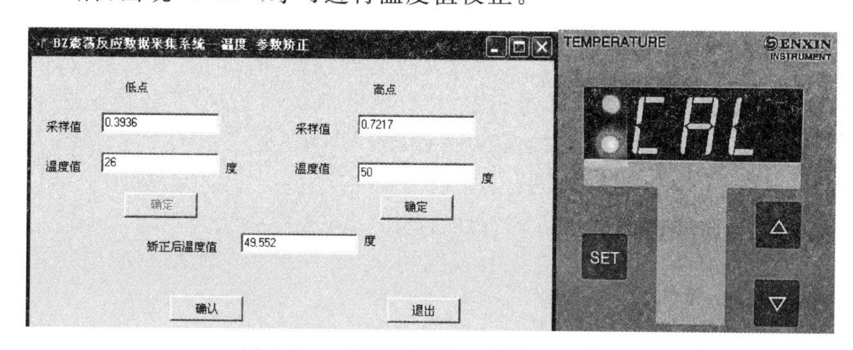

图 2-2-6　电阻温度计温度值校正示例

四、热电偶温度计

两种不同金属导体首尾相接，形成一个回路，当两个接点的温度不同时，回路中将产生电势，这种热电现象是泽贝克(Seebeck)首先发现的，称为泽贝克效应(Seebeck effect)。除了金属，半导体也有泽贝克效应，并比金属的效应显著，但金属的温度-电势关系较稳定，所以热电偶温度计一般由金属制成，而半导体热电偶常用于温差发电。不同金属具有不同的自由电子密度，当两种金属接触时，接触面上的电子就会扩散以消除电子密度的差异，电子的扩散速率与接点的温度相关，在回路中只要维持两接点间的温差，就能使电子持续扩散，形成稳定的电势。这种电势只与两种金属材料特性、两个接点温度有关，而与金属导体的长短、粗细等无关。当金属材料确定后，并且冷端温度保持不变时，这种电势只与热端温度有关，有一一对应的函数关系，因此热电偶可用于温度测量。

在热电偶回路中接入中间导体，只要中间导体两端接点温度相同，中间导体的引入对热电偶回路的总电势没有影响，这被称为热电偶的中间导体定律。根据这个定律，热电偶常采用热端焊接、冷端开路的形式，冷端经导线、仪表连接构成测温系统，如图 2-2-7。热电偶两接点温度为 t、t_0，如果 t_n 位于 t、t_0 之间，那么热电偶在 t、t_0 的电势等于在 t、t_n 的电势与在 t_n、t_0 的电势之和，这被称为热电偶的中间温度定律。热电偶温度-电势标准数据是以冷端 0 ℃为基准的，当冷端不是 0 ℃时，需要进行冷端温度补偿。利用热电偶中间温度定律可设计一些冷端温度补偿装置，与热电偶连接的测温仪器常常带有冷端温度补偿器。

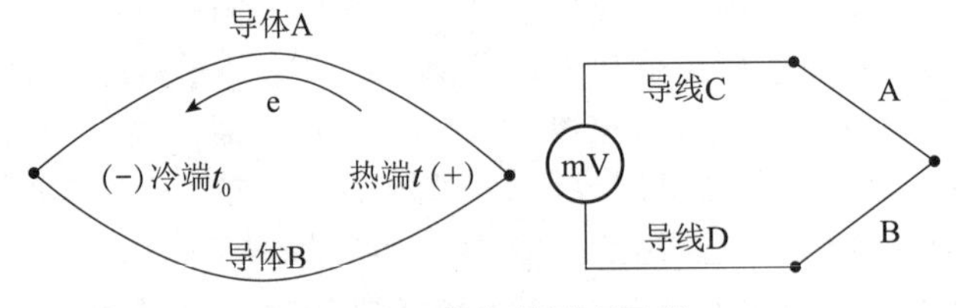

图 2-2-7　热电偶原理示意

热电偶对电极材料有一定要求：

(1) 在测温范围内物理性能稳定，不易氧化或还原。

(2) 微分热电势要大，热电势与温度有简单的函数关系，线性较好。

(3) 电阻温度系数要小，导电率要高。

(4) 有良好的机械加工性能和复制性，价格较低。

常用的热电偶有几十种，国际电工委员会对 8 种性能优良的热电偶进行标准化，规定热电势与温度的关系，有统一的标准分度表。热电偶的分度号是分度表的代号，其中 K 型热电偶使用量最大，其电极材料是镍铬-镍硅。

热电偶作为测温元件，有较多优点：

(1) 量程大，K 型热电偶测温范围可达－200～1300 ℃。

(2) 测量精度较高，K 型热电偶热电系数约 0.041 mV/℃，用精密的电位差计测量可达 0.01 ℃精度。

(3) 制作后经过精密热处理的热电偶，其电势-温度函数关系重现性很好。

第三节　温度的控制

物质的物理性质和化学性质普遍与温度有关，许多物理化学实验都需在一定温度下恒温进行。恒温体系一般包含被恒温物质、温度控制器、加热器、温度计、搅拌器、恒温介质、恒温介质容器等。在 0～100 ℃之间恒温介质多采用水，物理化学实验大部分恒温体系是水浴恒温。

一、电接点温度计和电子继电器

电接点温度计利用水银的导电性，在水银温度计的基础上设计而成，水银导电性好，表面张力大，钨丝和水银的接触、脱离响应快，能达到较高的控温精度。如图 2-3-1，调节帽中有磁钢，松开固定螺丝，旋转调节帽，带动调节螺杆上的扁铁旋转，调节螺杆转动使指示螺母上下移动，钨丝上端连接指示螺母，下端在水银柱上方，调节到要设定的恒温温度后，旋紧固定螺丝。电接点温度计具有水银温度计的基本属性，通过的电流应尽可能小。电接点温度计一般和电子继电器共同组成温度控制系统。电子继电器主要由电流放大线路和通断控制装置组成，通断控制装置包含线圈和衔铁开关。如图 2-3-2，当恒温槽温度升高，水银柱上升，钨丝与水银柱相接，电接点温度计通电，电流经过电子继电器放大，并通过线圈使电磁铁产生磁力，吸下衔铁，衔铁开关断开，加热器停止加热。

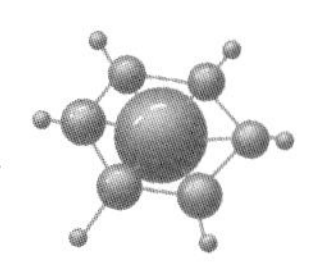

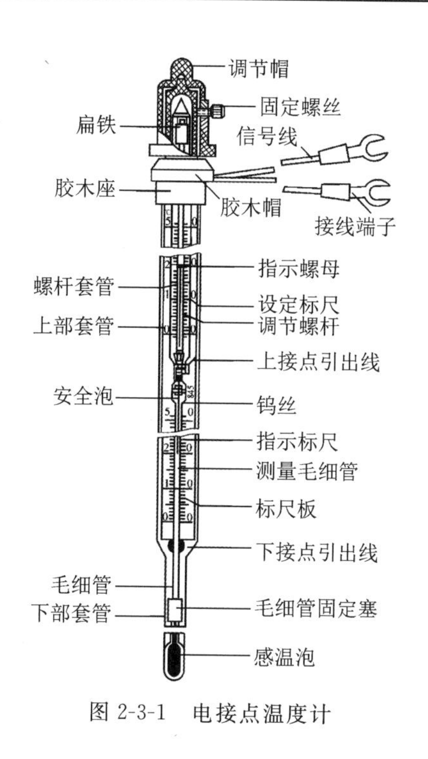

图 2-3-1 电接点温度计

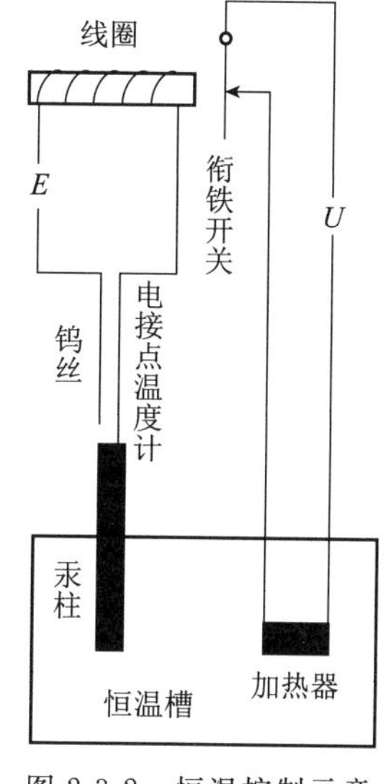

图 2-3-2 恒温控制示意

二、PID调节器和可控硅

水银温度计无法把温度示值数字化，电接点温度计只能控制“通”“断”两种状态。电阻温度计、热电偶温度计可以使温度数字化，是数字化控温的基础，进而实现智能控温。如图 2-3-3，智能控温大致包含三部分：第一部分包括热电偶、毫伏定值器、毫伏放大器，毫伏定值器给出设定温度对应的毫伏值，热电偶与毫伏定值器反向串接进行比较，这个偏差信号经毫伏放大器放大输出；第二部分为 PID 调节器，对输入的电信号进行运算、调节，并发出相应的电信号指令；第三部分包括可控硅和加热器，可控硅根据 PID 的指令进行触发和整流，控制加热器的启动和输出功率，从而实现较精准的控温。

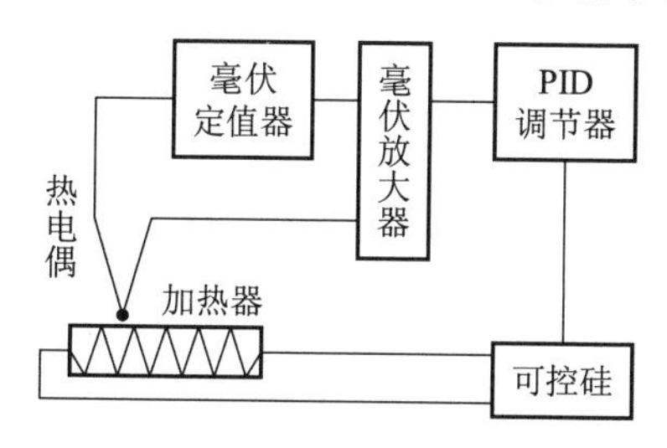

图 2-3-3 智能控温示意

PID 是工业控制中常用的调节器，包含比例控制、积分控制和微分控制，三种控制的核心都是运算放大器。运算放大器简称运放，是一个内含多级放大电路的电子集成电路，具有两个重要特性：① 两个输入端之间的电压为 0，称为“虚短”；② 两个输入端的输入电流为 0，称为“虚断”。比例放大电路如图 2-3-4 所示。

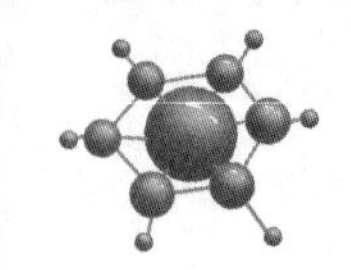

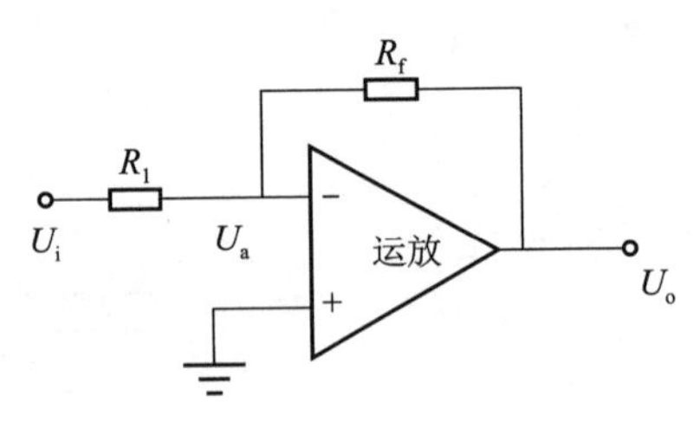

图 2-3-4　比例放大电路示意

由于 U_a 为 0，所以

$$I=\frac{U_i}{R_1}$$

$$U_o=-IR_f$$

$$U_o=-\frac{R_f}{R_1}U_i$$

输出电压和输入电压成比例关系，其比例可通过改变电阻值进行调整。积分电路如图 2-3-5 所示，输出电压是输入电压对时间的积分。

$$U_o=-\frac{1}{C}\int I\mathrm{d}t=-\frac{1}{C}\int\frac{U_i}{R}\mathrm{d}t=-\frac{1}{RC}\int U_i\mathrm{d}t$$

微分电路如图 2-3-6 所示，根据电容的定义，可得

$$I=C\frac{\mathrm{d}U_i}{\mathrm{d}t}$$

$$U_o=-IR=-RC\frac{\mathrm{d}U_i}{\mathrm{d}t}$$

输出电压与输入电压的变化率成正比。

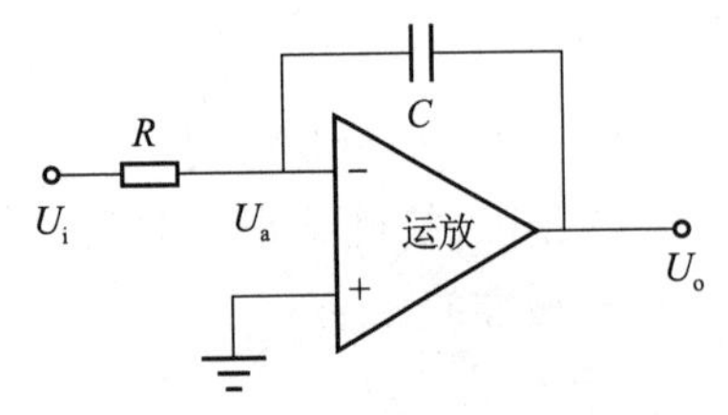

图 2-3-5　积分电路示意

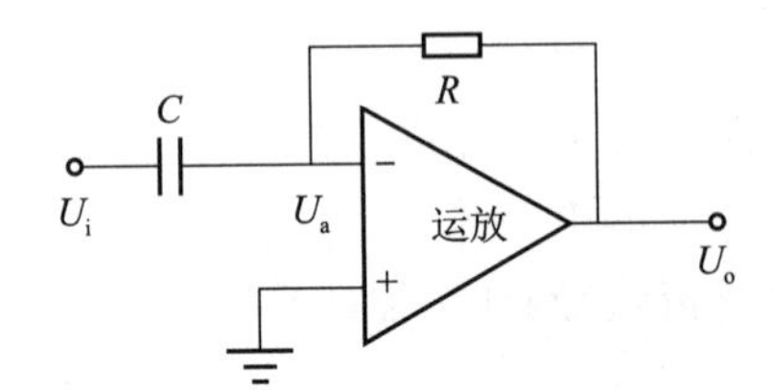

图 2-3-6　微分电路示意

PID 三种控制互相配合，取长补短，就能实现精确、稳定、迅速的控温。

(1) 比例控制：实际温度与恒温温度相差越大，PID 输出电压越大；实际温度与恒温温度相差越小，PID 输出电压越小；当实际温度趋近设定温度时，加热功率将趋近于 0。理论上实际温度不可能达到设定温度，这个偏差称为静差。

(2) 积分控制：积分控制可以消除静差，即便输入很小，输出的积分项也会随着时间的增加而加大，但是积分电路的输出信号始终滞后于输入信号，这会造成达到设定温度比较缓慢。

(3) 微分控制：微分电路能即时反映输入信号随时间的变化率，在信号发生的初期输出最大，而当实际温度与恒温温度相差较小时，输出信号可提前衰减。实验室控温设备中 PID 的比例、积分、微分参数，一般出厂时已有较合理的设置，如果需要调节，入口一般与

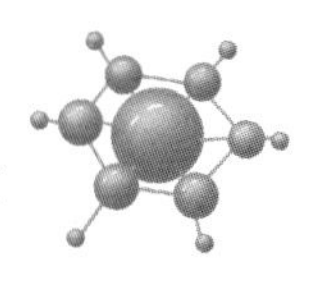

温度校正相同。

可控硅也称晶闸管，单向晶闸管如图 2-3-7 所示，有 4 层半导体、3 个 PN 结，对外有 3 个电极，除了和二极管一样有阳极、阴极，还多了一个控制极。晶闸管要导通，必须在控制极与阴极之间输入一个正向触发电压，正是利用晶闸管这种特性，才使 PID 输出的较小电信号能控制较大功率的加热器。晶闸管属于可控整流电路，以单相半波为例，如图 2-3-8，在 B 点时控制极输入触发电压，晶闸管才能导通。交流电的半波为 180°电角度，在半波内，从 0 到触发电压输入的电角度称为控制角 α，晶闸管导通的电角度称为导通角 θ，通过改变控制角，就能控制加热器的输出功率。

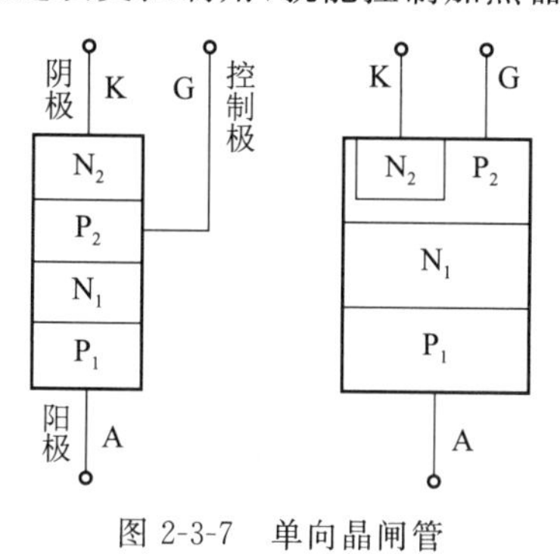

图 2-3-7　单向晶闸管

图 2-3-8　晶闸管半波可控整流

第四节　气压的测量

一、福丁式气压计

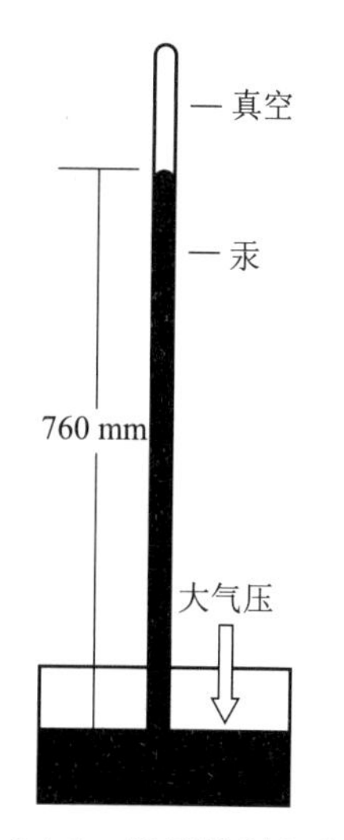

图 2-4-1　托里拆利实验

水银大气压计是根据托里拆利（Torricelli）实验原理制成的。托里拆利实验如图 2-4-1，一根长 1 m 的玻璃管灌满水银，手指堵住开口端并把玻璃管倒插在水银槽中，放开手指后水银柱与槽中液面的高度差约 760 mm。水银大气压计有动槽式水银气压计和定槽式水银气压计，动槽式零点位置固定，定槽式零点位置不固定。物理化学实验室使用较多的是动槽式，动槽式别名福丁（Fortin）式气压计。

福丁式气压计（图 2-4-2）把一支长 90 cm 玻璃管倒置在水银槽中，除了水银槽和水银柱液面观察口，其他部分基本由黄铜管包裹保护，玻璃管上端封闭、内部真空，槽内水银装在羚羊皮袋中，皮袋封口固定在槽盖上，空气可以从皮孔出入，而水银不会溢出。先旋转气压计最下端的螺旋，使水银槽中的象牙针尖刚好和水银面接触，然后调节游标螺旋，使游标下端与水银柱凸面顶端相切，读取大气压值，同时记下气压计上温度计的读数。

在托里拆利实验中，大气压与水银柱压强相等。

$$p=\rho gh$$

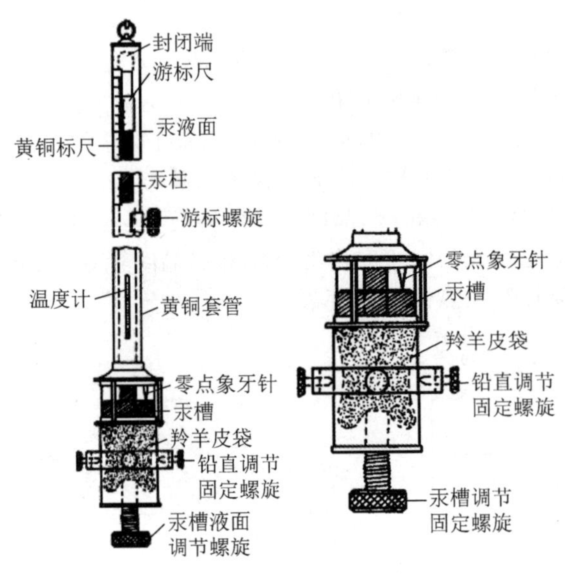

图 2-4-2　福丁式气压计

在纬度45°的海平面处，当温度为0 ℃时，760 mm水银柱所产生的压强，规定为标准大气压，该条件下水银 ρ 为 $13595.1\ \mathrm{kg\cdot m^{-3}}$，$g$ 为 $9.80665\ \mathrm{m\cdot s^{-2}}$。气压计以标准大气压的规定条件进行刻度标示，所以由气压计读出的示值必须经过校正。温度改变，水银密度改变，相同质量的水银体积就改变，同时标示刻度的黄铜管也会热胀冷缩。气压计相对温度的校正值 p_1 可用下式表示：

$$p_1=\frac{1+\beta t}{1+\omega t}p=p-p\,\frac{\omega t-\beta t}{1+\omega t}$$

常温下，水银体积膨胀系数 ω 取0.00018/℃，黄铜线膨胀系数 β 取0.000018/℃。

重力加速度随纬度 i 和海拔高度 H（单位为m）而改变，气压计相对纬度的校正值 p_2 可表示为

$$p_2=p_1(1-2.6\times10^{-3}\cos2i-3.1\times10^{-7}H)$$

二、HLP-03型低真空计

HLP-03型低真空计测量范围0.01～110 kPa，精度为满量程的0.4%，分辨率为满刻度的0.01%。它的压力传感器属于压阻式压力传感器。当半导体受到应力作用时，晶体的晶格产生变形，能带结构发生改变，引起载流子迁移率增大或减小，导致电阻率出现变化，半导体这种特性称为压阻效应。压阻式压力传感器大部分由单晶硅制成，硅晶体有良好的弹性形变性能和显著的压阻效应，利用集成电路技术制成的传感器，具有精确度高、灵敏度高、稳定性好等优点。

如图2-4-3，HLP-03型低真空计的传感器是由圆形硅膜片制成的，应用扩散工艺在膜片的特定方向上做4个等值电阻，并把4个电阻连接成惠斯通电桥（Wheatstone bridge），当膜片受压时，压阻效应使电桥产生不平衡，此电压信号送至放大器放大，再经过显示单元显示出相应的压力值。膜片受压变形时，中心处径向应变和切向应变均达到正的最大值，而边缘处径向应变达到负的最大值，切向应变为0。膜片上4个电阻一般2个放于中心附近，

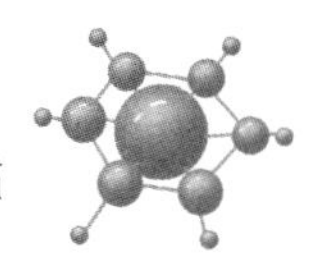

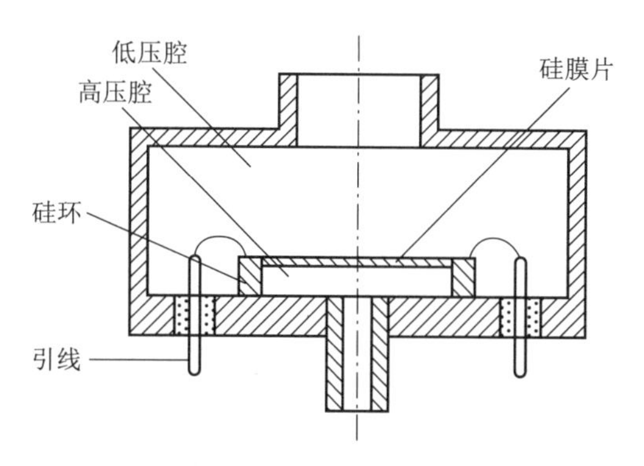

图 2-4-3　压阻式压力传感器

2 个放于边缘附近，膜片受到应力时，2 个电阻增大，2 个电阻减小，且改变值相等，这样惠斯通电桥将获得较高的灵敏度和较好的温度补偿作用。电阻表示为

$$R=\frac{\rho L}{S}$$

受到应力时，金属的电阻变化主要是长度 L、面积 S 的几何变化引起的，半导体的电阻变化主要是电阻率 ρ 的变化引起的，几何变化引起的电阻变化可忽略。半导体电阻和电阻率的变化可表示为

$$\frac{\Delta R}{R}=\frac{\Delta\rho}{\rho}=\pi\sigma=\pi E\varepsilon$$

式中，π 为压阻系数，σ 为应力，E 为弹性模量，ε 为应变。弹性模量是材料的特性，可视为常数。如图 2-4-4，惠斯通电桥中 4 个电阻的阻值相同，在 A、B 加一恒压源 E，那么 C、D 点的电压 U 和应力成线性关系。

图 2-4-4　硅膜片惠斯通电桥

$$U=E\left(\frac{R_1+\Delta R}{R_1+R_2}-\frac{R_4-\Delta R}{R_3+R_4}\right)=E\,\frac{\Delta R}{R}=E\pi\sigma$$

如图 2-4-5，HLP-03 型低真空计有“零点”和“大气”校准。传感器通过真空橡胶管与真空泵连接，2XZ-2 型旋片式真空泵极限压力可至 0.06 Pa，抽气至气压稳定，用小螺丝刀调节“零点”处旋钮至示值为 0。传感器通大气，读取福丁式气压计示值，调节“大气”至示值。

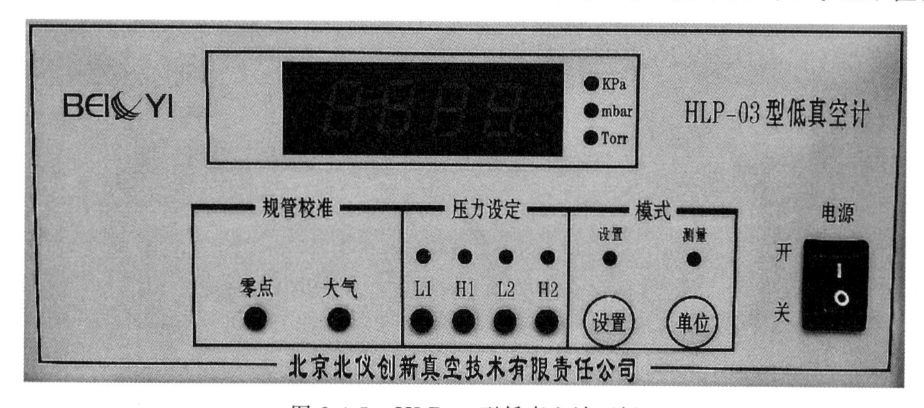

图 2-4-5　HLP-03 型低真空计面板

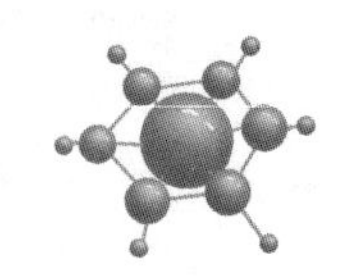

第五节　光学测量技术

一、可见分光光度计

透光率 T 是透过光强度 I_t 与入射光强度 I_0 的比值，吸光度 A 表示光通过溶液时被吸收的程度，定义为

$$A=\lg\frac{1}{T}=-\lg T=-\lg\frac{I_t}{I_0}=\lg\frac{I_0}{I_t}$$

朗伯-比尔定律(Lambert-Beer law)是吸收光谱分析的基本定律：在稀溶液中，被测物质对一定波长单色光的吸光度与浓度 c、光径长度 l 的关系式为

$$A=Klc$$

式中，l 以 cm 为单位，一般测量时透过光与液层垂直，光径长度等于液层厚度；c 以摩尔浓度 $\mathrm{mol\cdot L^{-1}}$ 为单位时，比例系数 K 为摩尔吸光系数。摩尔吸光系数用 ε 表示，ε 与待测物、溶剂、波长有关。朗伯-比尔定律有一定的适用条件，入射光必须是平行单色光且垂直照射，吸光物质为均匀非散射体系，吸光质点之间无相互作用。为保证摩尔吸光系数基本不变，浓度最好小于 $0.01\ \mathrm{mol\cdot L^{-1}}$。

L3S 可见分光光度计光路系统如图 2-5-1 所示，光栅是其中重要部件。朗伯-比尔定律成立的前提是入射光必须是严格的单色光，分光光度计的单色系统对测量的精确度很重要，色散元件一般用棱镜和光栅。由大量等间距、等宽度的平行狭缝构成的光学器件称为光栅，平行光通过光栅每个缝的衍射和各缝间的干涉，形成暗条纹很宽、明条纹很细的图样，这些明亮的条纹称作谱线。谱线的位置随波长而异，当复色光通过光栅后，不同波长的谱线在不同的位置出现而形成光谱，光通过光栅形成光谱是衍射和干涉的共同结果。当平行光垂直入射光栅，衍射明纹的条件应满足

$$(a+b)\sin\varphi=k\lambda, k=0,\pm1,\pm2,\cdots$$

上式称为光栅公式，a 为狭缝宽度，b 为狭缝间距，$a+b$ 为光栅常数，φ 为衍射角，k 为明纹级次，λ 为波长。如果 λ 不同，则 φ 不同，即不同波长的光衍射方向不同，这就是光栅的分光原理。在波长一定的单色光照射下，光栅常数越小，各级明纹的衍射角越大，相邻两条明纹分得越开；同时，宽度相同的光栅，光栅常数越小，狭缝越多，干涉叠加越多，明纹越亮，光栅的分辨率就越高。

L3S 可见分光光度计使用的是全息光栅，在光学稳定的平玻璃上涂上一层光敏材料的涂层，由激光器发出两束相干光束，使其在涂层上产生一系列均匀的干涉条纹，则光敏物质被感光，即在涂层上获得干涉条纹的全息像，所制得的为透射式衍射光栅。如在玻璃背面镀一层反射膜，可制成反射式衍射光栅。精制的光栅在 1 cm 内可制成上万条狭缝，L3S 可见分光光度计的光栅是 1200 线/mm，狭缝宽度几百纳米，与可见光波长相近，符合光的衍射条件。

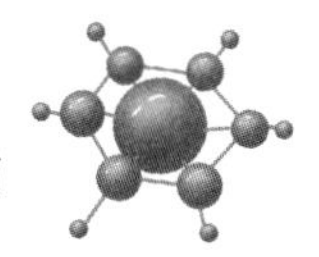

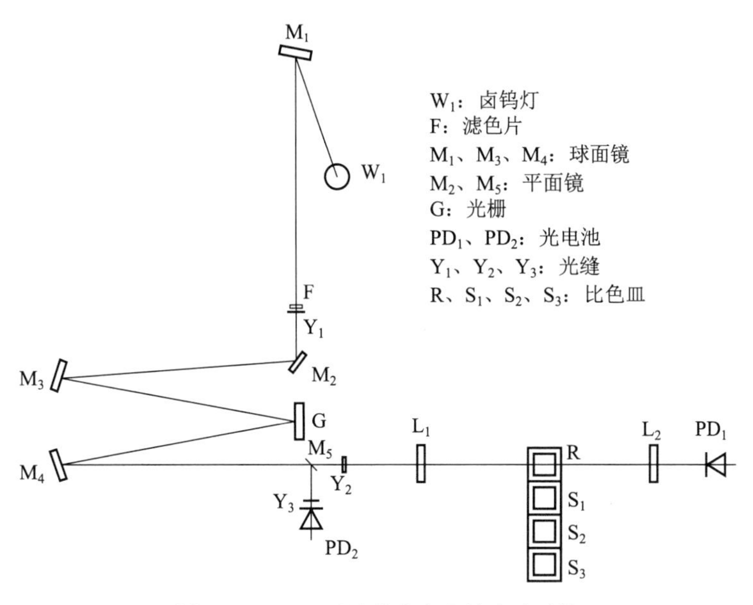

图 2-5-1　L3S 可见分光光度计光路系统

L3S 可见分光光度计的光电转换元件是光电池，光电池是一种在光的照射下产生电动势的半导体元件。根据光电效应，在高于某特定频率的电磁波照射下，某些物质内部的电子吸收能量后逸出而形成电流。光电池 PN 结受光照射时产生载流子，光生电子被拉向 N 区，光生空穴被拉向 P 区，就建立一个与 PN 结内建电场方向相反的光生电场，从而使 PN 结势垒降低，其减小量即光生电势差。当光强度发生变化时，光生载流子及通过回路的光电流也发生变化，在一定范围内能保持线性关系。

二、自动旋光仪

光是电磁波，光波的振动方向总是和光的传播方向垂直，自然光的光振动在振动平面上是均匀分布的。如果把自然光各个方向的光振动都分解为两个相互垂直的分振动，自然光的振动就可以由两个相互垂直、振幅相等的分振动表示。如果光波只沿一个固定方向振动，那么这种光称为线偏振光或平面偏振光，简称偏振光。介于自然光和偏振光之间称为部分偏振光，某一方向的光振动较强，与之垂直的方向上振动较弱。

采用某些装置将自然光中相互垂直的两个分振动之一完全移去，就可获得偏振光，偏振片和尼科耳棱镜（Nicol prism）是常用的起偏器。偏振片是在透明的基片上制成一层二向色性的晶体薄膜，这种晶体对某一方向上的光振动有强烈的吸收，而对与之垂直的光振动吸收很少。如图 2-5-2，尼科耳棱镜是将方解石晶体沿一定对角面切开，再用加拿大树胶黏合在一起制成的，获得偏振光是基于光的双折射现象。方解石是各向异性晶体，光射入会产生两束折射光，而且都是偏振光，选择合适的入射角度，其中一束光在加拿大树胶界面处全反射并被涂层吸收，另一束光透过加拿大树胶射出，从而得到偏振光。

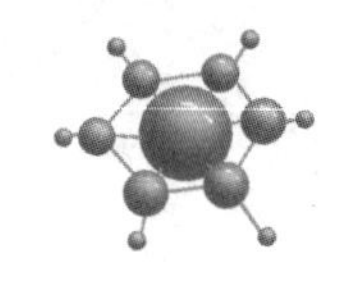

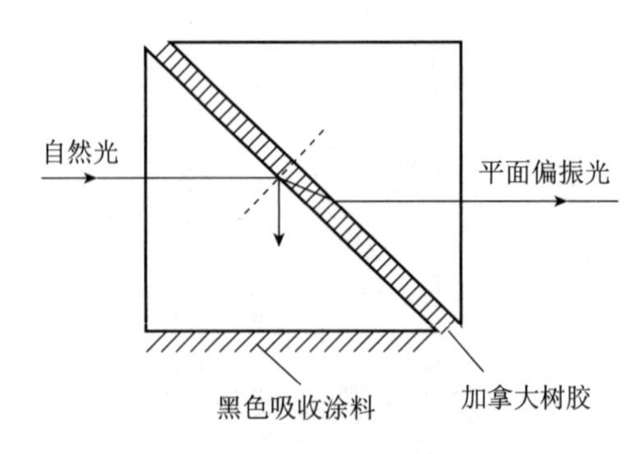

图 2-5-2　尼科耳棱镜

WZZ-2B 自动旋光仪工作原理如图 2-5-3 所示。在起偏器和样品试管之间有法拉第调制器。当一束平面偏振光通过置于磁场中的磁光介质时，平面偏振光的偏振面就会随着平行于光线方向的磁场发生旋转，这种现象称为法拉第效应。偏振面旋转的角度 θ 与光波在介质中走过的路程 d 及介质中磁感应强度在光传播方向的分量 B 成正比。

$$\theta=VBd$$

韦尔代常数(Verdet constant)V 与物质的性质、温度和光的波长有关，偏振面的转向由磁场方向决定。法拉第调制器是在励磁线圈上通 50 Hz 交流电，偏振面将产生往复振动，给偏振光加入相位，通过相位检测可判断是右旋还是左旋；通过测定交变光强是否为 0，可精确判断起偏器与检偏器是否处于正交位置。

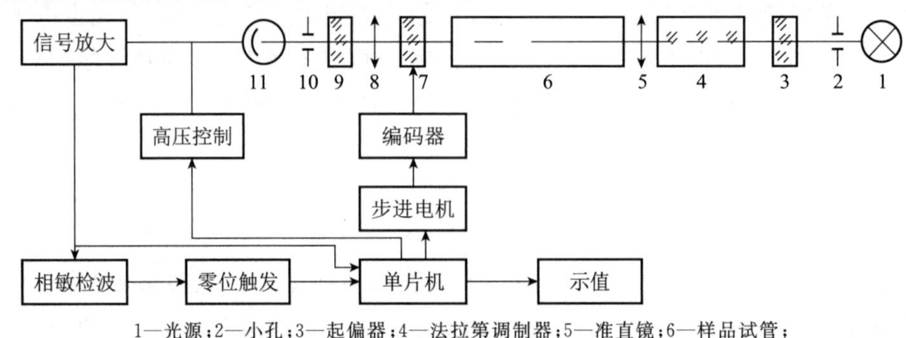

1—光源；2—小孔；3—起偏器；4—法拉第调制器；5—准直镜；6—样品试管；
7—检偏器；8—聚光镜；9—滤色片；10—小孔；11—光电倍增管

图 2-5-3　WZZ-2B 自动旋光仪工作原理

当偏振光透过某些透明物质时，振动面将旋转一定的角度，这种现象称为旋光现象。能使振动面旋转的物质为旋光物质。旋光度 α 取决于物质的性质、温度、长度以及入射光的波长等，WZZ-2B 自动旋光仪光源波长为 589.44 nm。比旋光度$[\alpha]_\lambda^t$ 表示单位长度的某种旋光物质温度为 t 时对波长为 λ 的平面偏振光的旋光度。

$$\alpha_\lambda^t=[\alpha]_\lambda^t l$$

如果旋光物质溶于没有旋光性的溶剂中，浓度为 c，那么

$$\alpha=K'lc$$

上式 K' 实质上就是加入浓度因素的比旋光度，相当于单位浓度单位长度溶液的旋光度。如果样品管长度一样，可进一步简化为

$$\alpha=Kc$$

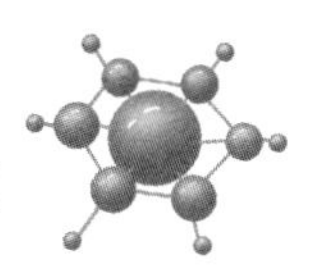

在实验条件都固定后，K 为常数，旋光度与浓度成线性关系。

如图 2-5-4，要测定偏振光在空间的振动平面，需要检偏器配合。当起偏器、检偏器平行放置时，偏振光能全部通过检偏器；当起偏器、检偏器互相垂直时，偏振光不能通过检偏器。如果在起偏器和检偏器之间有旋光性物质，使偏振光旋转 α 角度，此时检偏器也要旋转 α 角度后，偏振光才能全部通过检偏器，检偏器旋转的角度，即为偏振光通过该旋光性物质的旋光度。自动旋光仪零位时起偏器、检偏器互相垂直，当偏振光通过旋光性物质旋转 α 角度，光电倍增管将检测到交变光强信号，光强信号转变为电信号并功率放大，驱动电机带动检偏器也旋转 α 角度，使检偏器与偏振光处于正交位置，模数转换器和示数电路将检偏器转过的角度换成数字显示，于是就测得待测样品的旋光度。

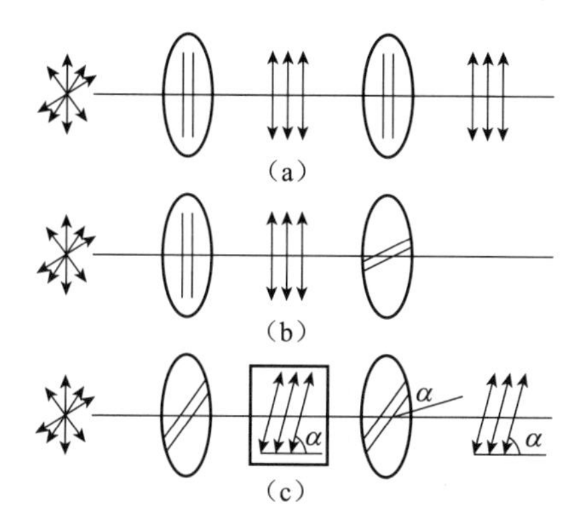

图 2-5-4　起偏器和检偏器示意

光电效应分为外光电效应和内光电效应。在光的照射下，物体内的电子逸出物体表面向外发射称为外光电效应。光电倍增管是将微弱光信号转换成电信号的真空电子器件，主要包含光电发射阴极、电子倍增极、电子收集阳极等部分。光电阴极是光电转换部件，一般使用光电子逸出功较小的光敏材料，当入射光波长不变时，在一定范围内产生的光电流和光强成正比。在阴极和阳极之间有 10 个左右的倍增极，电位依次升高，电子在真空中被电场加速撞击后面的倍增极。外层价电子比较容易和原子脱离，在入射电子束轰击下，原子的核外电子离开物体成为二次电子，二次电子一般来自表层 5～10 nm 范围内，称为二次电子发射。经过多次放大，电子数量可以增加几百万倍。

第六节　电化学测量技术

一、电位差计

电池的电动势不能直接用伏特计测量，因为当伏特计与电池接通后，必须有适量的电流通过才能使伏特计有示值，这样将导致电极、电解液发生化学反应，溶液的浓度不断改变，所以测量可逆电池的电动势必须在电流趋近于零的情况下进行。如图 2-6-1，对消法是在外电路加一个极性方向相反而电动势相同的电池，以对抗原电池的电动势，使电路的

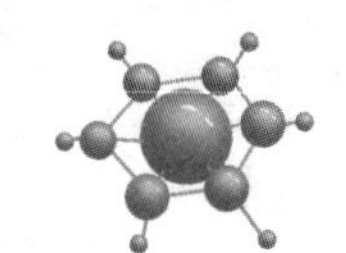

电流为零。对消法的具体做法是：首先用标准电池 E_n 确定工作电流的大小，开关 K 合在"1"，调节电阻 r 至检流计 G 为零，然后开关合在"2"，调节电阻 R_x 至检流计为零，即测得原电池电动势 E_x。电位差计是根据对消法原理设计的，面板如图 2-6-2，6 个测量旋钮组成调节变阻器 R_x，旋钮转盘标示电动势数值，调节旋钮至检流计为零，即可读取原电池电动势。按钮"粗""细""短路"用于接通或断开检流计，按下"粗"后检流计回路中接入电阻以减小电流。

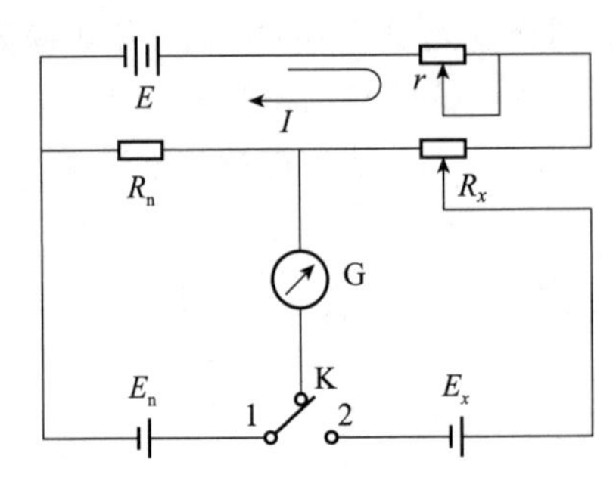

图 2-6-1　对消法测电动势原理

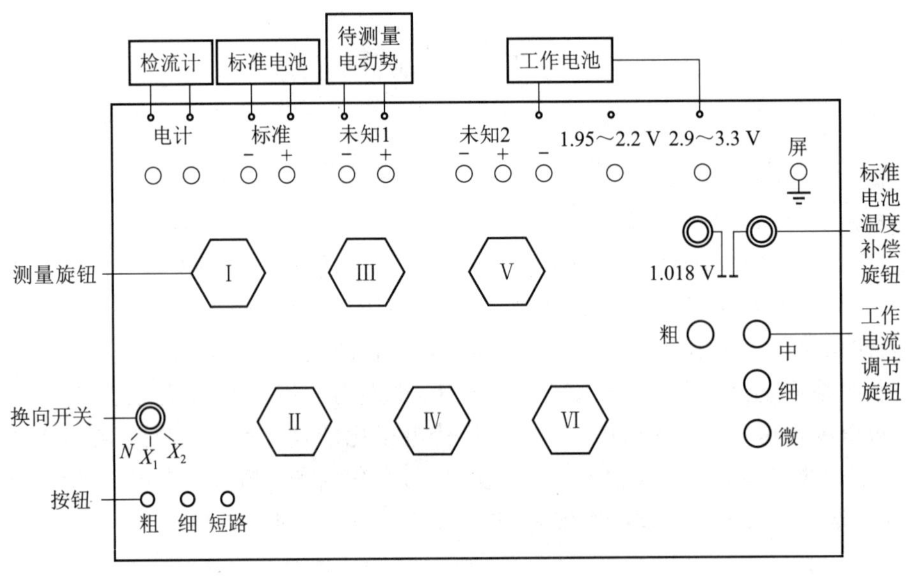

图 2-6-2　电位差计面板

标准电池用于标定工作电流，它的稳定性对电位差计的精确度很重要。常用的标准电池是韦斯顿(Weston)饱和标准电池，负极是镉汞齐，正极是汞和硫酸亚汞的糊状体，电解液是硫酸镉的过饱和溶液，电池反应为

$$Cd(Hg)(a)+Hg_2SO_4(s)+\frac{8}{3}H_2O(l)=CdSO_4\cdot\frac{8}{3}H_2O(s)+2Hg(l)$$

电池内的反应是可逆的，并且电动势很稳定，因为根据电池的净反应，标准电池的电动势只与镉汞齐的活度有关，而用于制备标准电池的镉汞齐的活度在一定温度下为定值。镉汞齐中镉的质量分数为 10%左右，厂家一般选 10%，电池出厂时会标有温度 20 ℃的电

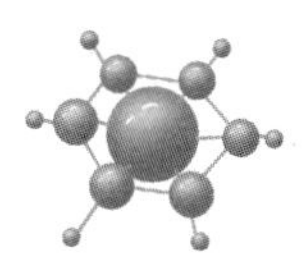

动势值，一般电动势实际值为 1.01855～1.01868 V。原电池将化学能转变为电能，其电动势与温度有关，标准电池电动势要求的精确度较高。韦斯顿标准电池的电动势虽与温度的关系很小，也必须进行温度校正。

$$E_t=E_{20}-[40.6(t-20)+0.95(t-20)^2-0.01(t-20)^3]\times 10^{-6}$$

上式是厂家提供的校正式，E_{20}(V)为标准电池出厂时 20 ℃的检测值。

除了标准电池，检流计的灵敏度对电位差计的精确度也很重要。在电动势测定中常用磁电式检流计。普通电表的线圈安装在转轴上，由于转轴有摩擦阻力，被测电流不能太弱。如图 2-6-3，检流计使用极细的拉丝(4)代替轴承，拉丝反抗力矩很小，当电流通过游丝(1)和拉丝经过线圈(2)，通电线圈在永久磁铁(5)磁场的作用下产生偏转，并带动反射镜(3)偏转。照明灯(6)射出的光线经过反射镜(3、7、8)，最终光线反射在标度尺(9)上。

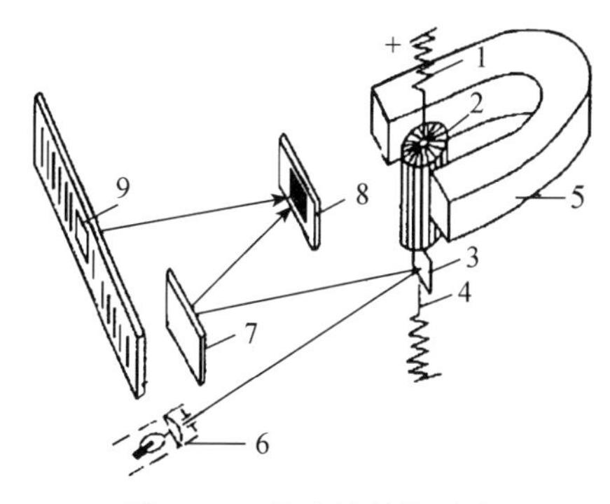

图 2-6-3　检流计结构示意

二、电导率仪

物体导电的能力通常用电阻表示，电解质溶液的导电能力则用电阻的倒数即电导 G 表示，电导的单位为 S(西门子)。

$$G=\frac{1}{R}=\frac{I}{U}$$

导体的电阻与其长度 l 成正比，而与其截面积 A 成反比，比例常数 ρ 为电阻率。

$$R=\rho\frac{l}{A}$$

电导率 κ 是电阻率的倒数，其单位是 $S\cdot m^{-1}$。

$$G=\kappa\frac{A}{l}$$

电导的测定在实验中实际上测定的是电阻，测量方法主要有平衡电桥法和电阻分压法。如图 2-6-4，电桥法测电导与电桥法测电阻有两点不同：① 电源为交流电源，通常频率为 1000 Hz，如果是直流电加在电导池上，必然引起离子定向迁移而在电极上放电，频率不高的交流电源也会产生极化电势导致测量误差；② 电导池是由两片平行的电极组成，具有一定的分布电容，在可变电阻 R_1 上并联一个可变电容 F，可以使电桥实现容抗平衡。电流表 A 为 0 时，

$$\frac{R_1}{R_x}=\frac{R_2}{R_3}$$

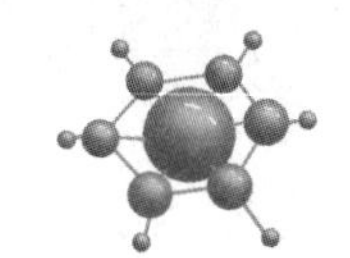

$$G=\frac{R_2}{R_1R_3}$$

如图 2-6-5,电阻分压法由振荡器提供幅值稳定的交流测量信号,在 R_m 两端电压降 U_m 为

$$U_m=IR_m=\frac{UR_m}{R_x+R_m}$$

$$G=\frac{U_m}{R_m(U-U_m)}$$

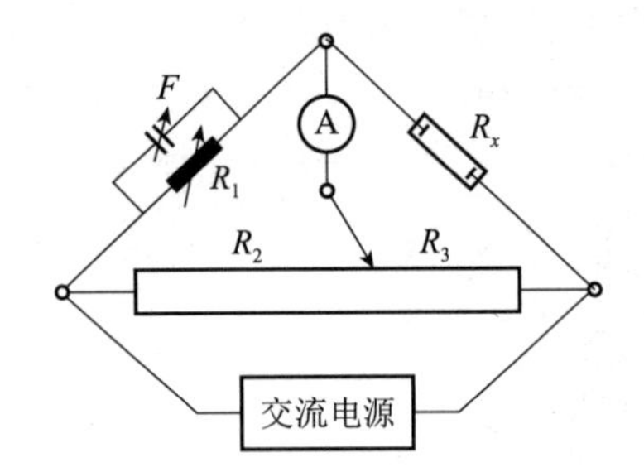

图 2-6-4　平衡电桥法测电导

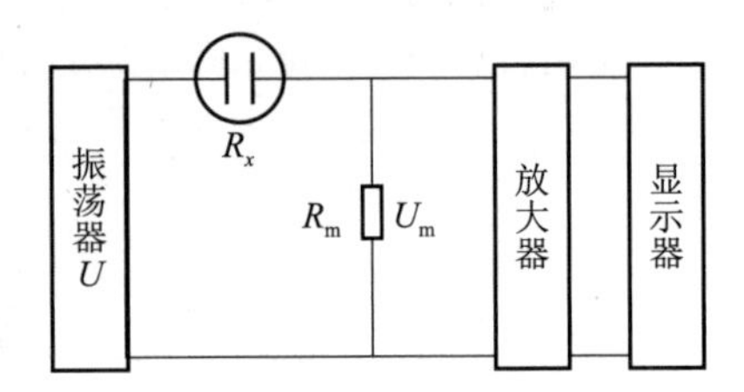

图 2-6-5　电阻分压法测电导

电导池是测定液体电导率的传感器,其两极间距恒定且面积相等。电极一般用铂片制成,有光亮和铂黑两种表面状态,增加铂黑镀层的目的是增加电极的有效面积,以减小电极极化。测量电导率大的溶液时,一般使用铂黑电极比较合适,铂黑电极表面不能擦拭。电导电极中两极之间的距离 l 和电极面积 A 是固定的,l 和 A 之比为电极常数,也称电导池常数,单位为 cm^{-1}。电极常数有 0.01、0.1、1.0、10 等几种,可根据电导率测量范围选择。电导电极出厂时,每支电极都标有电极常数值,使用时要设定此参数。

电导率与电解质的离解度及离子的迁移速度有密切关系,而离解度和迁移速度又与溶液的温度有关。为了克服温度的影响,使溶液在不同温度下的电导率具有可比性,在测定电导率时,通常以 25 ℃为基准温度,当溶液温度不为 25 ℃时,应进行温度补偿。如果要测定温度系数 a,可分别测量 25 ℃和 t 的电导率 κ_{25} 和 κ_t,测量时仪器不能接入温度传感器,由下式求温度系数。

$$\kappa_t=\kappa_{25}[1+a(t-25)]$$

三、pH 计

pH 计又称酸度计,p 表示负对数,氢离子浓度单位为 $mol\cdot L^{-1}$。

$$pH=-\lg c_{H^+}$$

目前 pH 计常用的是 pH 复合电极,由玻璃电极和 Ag/AgCl 电极组合而成。如图 2-6-6,E201-C 复合电极的内参比溶液为 pH=7.0 的溶液,是用中性磷酸盐和氯化钾(KCl)配制的混合溶液。"液接界"是外参比溶液和被测溶液的导电连接部件,要求渗透量稳定。玻璃电极是测定 pH 最常用的一种指示电极,它是氢离子选择性电极,在一支玻璃管下端连接特殊原料制成的球形玻璃薄膜,膜内盛一定 pH 的缓冲溶液或 0.1 $mol\cdot kg^{-1}$ HCl 溶液,溶液中浸入一根 Ag/AgCl 电极作为内参比电极。玻璃膜的组成一般是 72% SiO_2、22% Na_2O 和 6% CaO(均为质量分数)。玻璃电极具有可逆电极的性质。玻

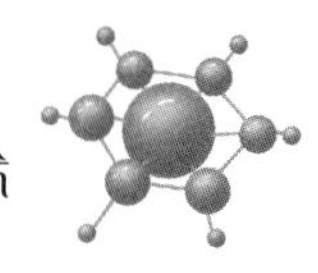

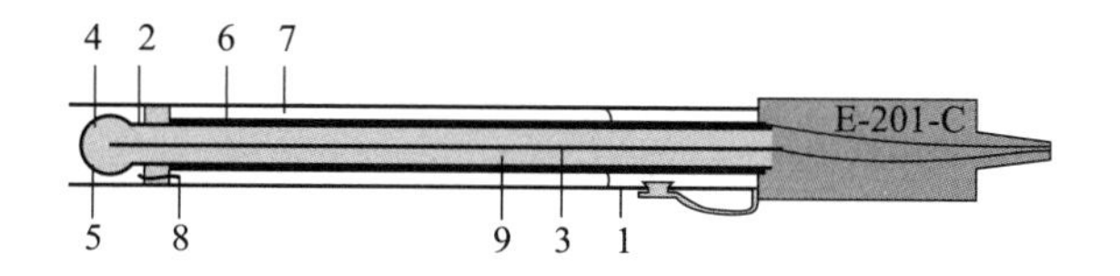

1—电极壳；2—玻璃管；3—Ag/AgCl 电极；4—内参比溶液；5—球泡；
6—Ag/AgCl 电极；7—3 mol・L^{-1}KCl；8—液接界；9—内参比溶液

图 2-6-6　pH 复合电极结构示意

璃膜浸水水化后，由于玻璃膜内外溶液的 pH 不同，薄膜与溶液发生离子交换，因而产生膜电势。根据能斯特方程(Nernst equation)，玻璃电极的电势与待测溶液 pH 的关系为

$$\varphi_{玻}=\varphi_{玻}^{\ominus}-\frac{RT}{F}\ln\frac{1}{a_{H^+}}=\varphi_{玻}^{\ominus}-\frac{RT}{F}\times 2.303\text{pH}$$

当玻璃电极与另一参比电极组成电池时，就能从测得的 E 值求出溶液的 pH。玻璃电极常用甘汞电极作为参比电极，但 pH 复合电极的参比电极一般是 Ag/AgCl 电极。

$$E=\varphi_{Ag/AgCl}-\varphi_{玻}=\varphi_{Ag/AgCl}-\varphi_{玻}^{\ominus}+\frac{RT}{F}\times 2.303\text{pH} \tag{2-6-1}$$

Ag/AgCl 电极有极高的稳定性和可逆性，在 3 mol・L^{-1} KCl 中电极电势有定值。$\varphi_{玻}^{\ominus}$对某给定的玻璃电极为一常数，但对于不同的玻璃电极，玻璃膜的组成不同、制备过程不同，以及不同使用程度后表面状态改变，致使它们的电极电势往往各不相同。原则上若用已知 pH 的缓冲溶液，测得其 E 值，就能求出该电极的$\varphi_{玻}^{\ominus}$。实际使用时不必求出$\varphi_{玻}^{\ominus}$具体的值，先用已知 pH 的缓冲溶液，在 pH 计上标定 pH 值，使 E 和 pH 的关系满足式(2-6-1)，然后再测定未知液的 pH，可直接在 pH 计上读出 pH。如果其他条件相同，标准溶液的 pH_s 和未知液的 pH_x 的关系为

$$\text{pH}_x=\text{pH}_s+\frac{(E_x-E_s)F}{2.303RT}$$

标准溶液需制备容易，性能稳定，缓冲能力较强，且标准溶液的 pH(pH_s)必须尽可能与未知溶液的 pH(pH_x)接近，以避免因浓度不同、扩散不同导致液体接界电势不同。国际纯粹与应用化学联合会(IUPAC)规定了 5 种标准溶液的 pH。pH 与温度相关，不同温度下标准溶液的 pH 也不一样。

因为玻璃膜的电阻很大，一般可达 10～100 MΩ，要求通过电池的电流很小，否则由于内阻造成的电势降就会产生不可忽视的误差，因此不能用普通的电位差计，而要用带有放大器的装置放大电信号。现在生产的 pH 计应用运算放大器等集成电子技术，使仪器变得轻便。

通过电动势测定 pH 依据的是能斯特方程。电池反应的能斯特方程表明电池的电动势与参加电池反应的各组分活度之间的关系。溶液越稀，活度越接近浓度，测量 pH 时一般浓度较小，但活度和浓度还是有一定差别。pH 计是对标准溶液和未知溶液进行对比测量，这种实验方法可以大部分消除活度与浓度不一致引起的误差。

pH 计所依据的能斯特方程，电动势与温度有关。pH 计一般带有温度补偿功能，PHSJ-3F 型实验室 pH 计带有温度传感器，可以实现自动温度补偿，显示的 pH 为温度传感器采集温度下的 pH。如果不使用温度传感器，还可以进行手动温度补偿，根据溶液温度设定手动温度值，显示的 pH 为手动温度下的 pH。

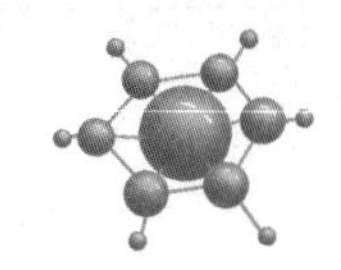

四、电化学分析仪

电化学分析仪又称电化学工作站，是通用电化学测量系统，包含多种电化学测量技术，是电化学研究和教学中常用的仪器。CHI600E系列电化学分析仪结构如图2-6-7，图中DAC表示数模转换器，ADC表示模数转换器。电化学分析仪内含快速数字信号发生器、高速数据采集系统、电位电流信号滤波器、多级信号增益、*iR*降补偿电路，以及恒电位仪和恒电流仪。恒电位仪和恒电流仪包含在电化学分析仪的电路系统中，它们的核心电子元件都是运算放大器。恒电位仪可通过反馈系统自动调节工作电极和对电极之间的电流，从而控制工作电极和参比电极之间的电位。恒电流仪可控制工作电极和对电极间的电流大小，同时记录工作电极和参比电极之间的电位随时间的变化。电化学分析仪的电路系统都连接到内置微型计算机，内置微型计算机与外部计算机相接，通过外部计算机控制仪器操作，进行数据采集和处理。

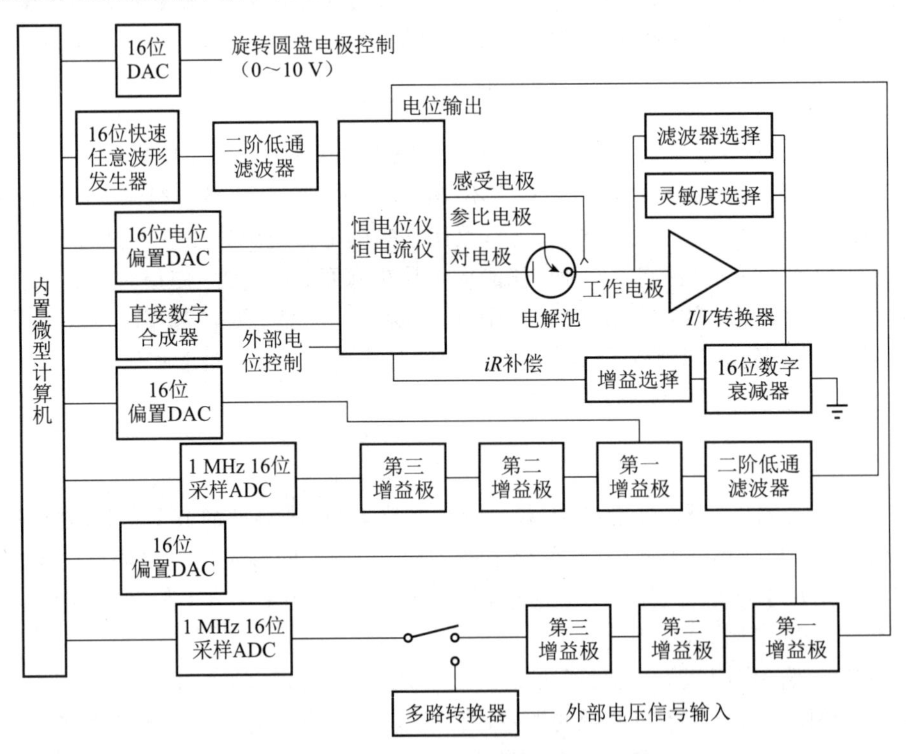

图2-6-7　CHI600E系列电化学分析仪结构框图

电化学分析仪几乎集成了所有常用的电化学测量技术（图2-6-8），这些电化学测量技术可以分为五类。

（1）电位扫描技术，是电位以一定的程序随时间扫描，记录电流-电位曲线，包括① 循环伏安法（CV）、② 线性扫描伏安法（LSV）、③ 塔费尔图（TAFEL）、④ 电位扫描-阶跃混合方法（SSF）。

（2）电位阶跃技术，是控制电极电势按照一定波形规律进行电位阶跃变化，同时测量电流随时间或电位的变化，包括① 计时电流法（CA）、② 计时电量法（CC）、③ 阶梯波伏

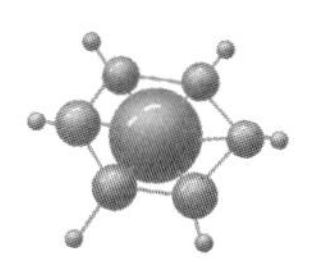

安法(SCV)、④ 差分脉冲伏安法(DPV)、⑤ 常规脉冲伏安法(NPV)、⑥ 差分常规脉冲伏安法(DNPV)、⑦ 方波伏安法(SWV)、⑧ 多电位阶跃(STEP)。

(3) 交流技术,包括电化学阻抗法和交流伏安法。电化学阻抗法是用小幅度交流信号扰动电解池,同时测量电极的交流阻抗。交流伏安法是在直流线性扫描电压信号上叠加一个交流正弦波的小信号,测定相应电流与电极电位之间的关系曲线。电化学交流测量技术包括① 交流阻抗测量(IMP)、② 交流阻抗-时间关系(IMPT)、③ 交流阻抗-电位关系(IMPE)、④ 交流(含相敏交流)伏安法(ACV)、⑤ 二次谐波交流伏安法(SHACV)。

(4) 恒电流技术,包括① 计时电位法(CP)、② 电流扫描计时电位法(CPCR)、③ 电位溶出分析(PSA)。

(5) 其他技术,包括① 电流-时间曲线(I-t)、② 差分脉冲电流法(DPA)、③ 双差分脉冲电流法(DDPA)、④ 三脉冲电流法(TPA)、⑤ 控制电位电解库仑法(BE)、⑥ 流体力学调制伏安法(HMV)、⑦ 开路电位-时间曲线(OCPT)。

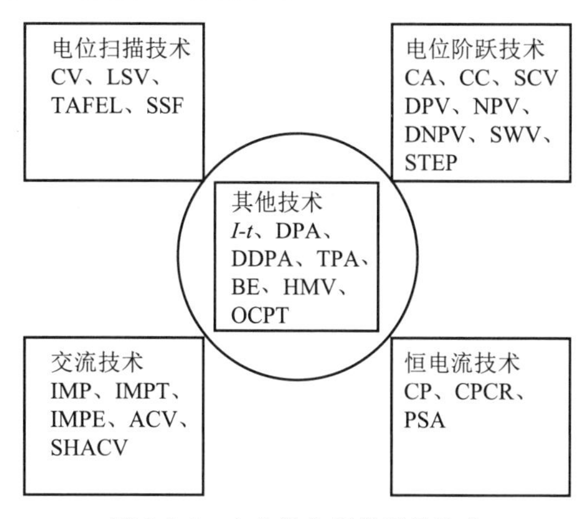

图 2-6-8 电化学分析仪测量技术

甘汞电极是常用的参比电极,图 2-6-9 是甘汞电极一种较常见的外形结构,玻璃内套管封接一根铂丝,铂丝插入纯汞中,汞的下方是甘汞(Hg_2Cl_2)和汞的混合物,玻璃外套管装有 KCl 溶液。电极上的还原反应为

$$Hg_2Cl_2(s)+2e^- \longrightarrow 2Hg(l)+2Cl^-(a_{Cl^-})$$

甘汞电极的电极电势为

$$\varphi=\varphi^{\ominus}-\frac{RT}{F}\ln a_{Cl^-} \qquad (2\text{-}6\text{-}2)$$

25 ℃时甘汞电极的标准电极电势$\varphi^{\ominus}$为 0.26808 V,由式(2-6-2)可见,甘汞电极的电势与氯离子浓度、温度相关。甘汞电极 KCl 溶液浓度一般有三种:0.1 mol·L^{-1}、1.0 mol·L^{-1}和饱和溶液。饱和甘汞电极用得较多。不同温度下的饱和甘汞电极电势,大致符合如下关系式

$$\varphi_t=0.2412-7.6\times10^{-4}(t-25)$$

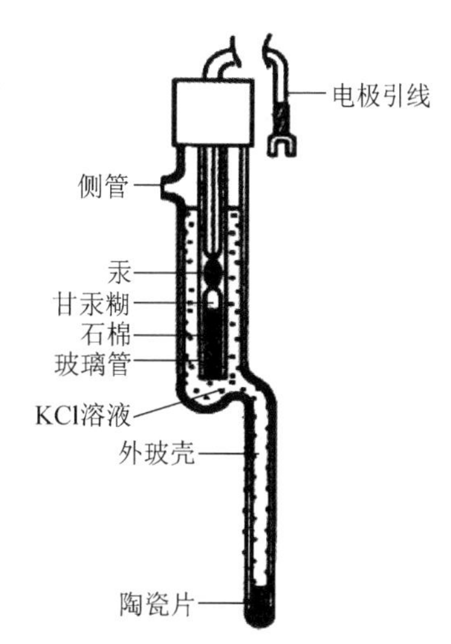

图 2-6-9 甘汞电极

参考文献

[1] 北京大学化学学院物理化学实验教学组. 物理化学实验[M]. 4 版. 北京:北京大学出版社,2002.
[2] 傅献彩,侯文华. 物理化学[M]. 6 版. 北京:高等教育出版社,2022.
[3] 武汉大学. 分析化学实验[M]. 6 版. 北京:高等教育出版社,2021.
[4] 董惠茹. 仪器分析[M]. 4 版. 北京:化学工业出版社,2022.
[5] 许新华,王晓岗,王国平. 物理化学实验[M]. 北京:化学工业出版社,2017.
[6] 赵近芳,王登龙. 大学物理学[M]. 6 版. 北京:北京邮电大学出版社,2021.
[7] 复旦大学. 物理化学实验[M]. 3 版. 北京:高等教育出版社,2004.
[8] 冯霞,朱莉娜,朱荣娇. 物理化学实验[M]. 北京:高等教育出版社,2015.
[9] 王健礼,赵明. 物理化学实验[M]. 2 版. 北京:化学工业出版社,2015.
[10] 金丽萍,邬时清. 物理化学实验[M]. 上海:华东理工大学出版社,2016.

第三章　实　验

实验一　燃烧热的测定

一、实验目的

(1) 了解氧弹式热量计测量燃烧热效应的原理，掌握用氧弹式热量计测定有机物燃烧热的实验技术。

(2) 学会使用雷诺作图法校正温度改变值的原理和方法。

二、实验原理

化学变化常伴有放热或吸热现象，对这些热效应进行精密测定，并做较详尽的讨论，成为物理化学的一个分支，称为热化学。系统发生化学变化之后，系统的温度回到反应前始态的温度，放出或吸收热量称为该反应的热效应。在标准压力下，反应温度 T 时，单位量的可燃物质完全氧化为同温下的指定产物时的标准摩尔焓变，称为标准摩尔燃烧焓。物质燃烧的指定产物如下：化合物中的 C 变为 $CO_2(g)$，H 变为 $H_2O(l)$，S 变为 $SO_2(g)$，N 变为 $N_2(g)$，Cl 变为 HCl(水溶液)，其他元素转变为氧化物或游离状态。

通常燃烧热是指 1 mol 物质在等压下完全氧化的热效应，即等压热效应 Q_p。如果没有特别注明，文献中的燃烧热数据都是指等压热效应，但一般量热计所测定的燃烧热是等容热效应 Q_V。Q_p 与 Q_V 的关系为

$$Q_p = Q_V + \Delta nRT \tag{3-1-1}$$

式中，Δn 为产物中气体的物质的量减去反应物中气体的物质的量；R 为气体常数；T 为反应温度。

本实验所用量热计为氧弹式量热计，样品装在氧弹中进行完全燃烧，氧弹放于装有水的量热容器中。实验过程中，环境温度保持不变，量热体系温度发生变化。量热体系是指在实验过程中热效应所能传递到的部分，包括量热容器及所装的水、氧弹，以及搅拌器的一部分、温度计的一部分。环境指量热体系以外的部分。

氧弹式量热计测量燃烧热的基本原理是：假定环境与量热体系没有热量交换，样品完全燃烧所产生的热量全部转化为量热体系的温度改变，那么，由测得的温度改变值 ΔT 和

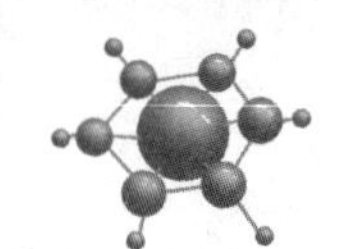

量热体系的热容,就可以知道样品的燃烧热。量热体系的热容指除水之外的量热体系温度升高 1 ℃时所需的热量,可由已知热效应的物质进行测定。标准物质通常用苯甲酸,在 100 kPa、298.15 K 时,其燃烧热为 $-3228.2\ \mathrm{kJ \cdot mol^{-1}}$。用苯甲酸标定量热体系的热容(水当量),热量关系式如下:

$$\frac{w}{M}Q_V + qb = (V\rho C_{水} + C)\Delta T \tag{3-1-2}$$

式中,w 为苯甲酸质量;M 为苯甲酸的摩尔质量 $122.12\ \mathrm{g \cdot mol^{-1}}$;$Q_V$ 为苯甲酸等容燃烧热;q 为引火丝燃烧热,直径 0.12 mm 铜镍丝为 $-3.136\ \mathrm{J \cdot cm^{-1}}$;$b$ 为引火丝烧掉的长度,等于引火丝长度减去剩余长度;V 为量热容器中水的体积;ρ 为水的密度;$C_{水}$ 为水的比热容,取 $4.1846\ \mathrm{J \cdot (g \cdot ℃)^{-1}}$;$C$ 为除水以外的量热体系的热容;ΔT 为温度变化值。

求得 C 后,可测定萘的燃烧热,关系式如式(3-1-2),萘的摩尔质量为 $128.17\ \mathrm{g \cdot mol^{-1}}$。

氧弹式量热计测量燃烧热的最理想状态是环境与量热体系不存在热量交换。但实际情况是,除了环境与量热体系之间存在热量交换,搅拌器也会引入额外的热量。这样,量热体系的温度改变值 ΔT 就不是完全由样品燃烧所放出的热量引起的,必须加以校正。

ΔT 一般用雷诺作图法进行校正。雷诺作图法如图 3-1-1 所示,作所测水温与时间曲线图,b 点相当于开始燃烧之点,c 点为观测到的最高温度点。b 点所对应的温度为 T_1,c 点所对应的温度为 T_2,其平均温度为 T,经过 T 点作横坐标的平行线,与曲线交于 O 点,然后过 O 点作垂直线。曲线中 ab 段为点火前所测温度点,一般成线性关系;曲线中 cd 段为温度升到最高点后所测温度点,一般也成线性关系。作直线 ab、cd 交垂直线于 E 点和 F 点,那么

$$\Delta T = T_F - T_E$$

有时量热计的绝热情况良好,热量散失小,而搅拌器又不断引入热量,使得燃烧后的温度最高点不明显,这种情况下 ΔT 仍然可以按照上述方法进行校正,如图 3-1-2。

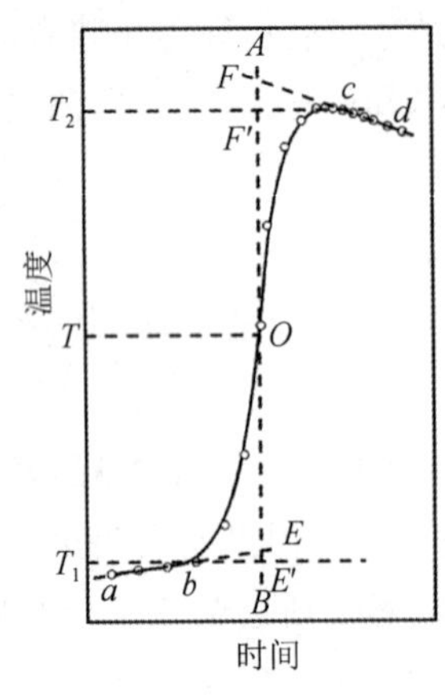

图 3-1-1　雷诺作图法

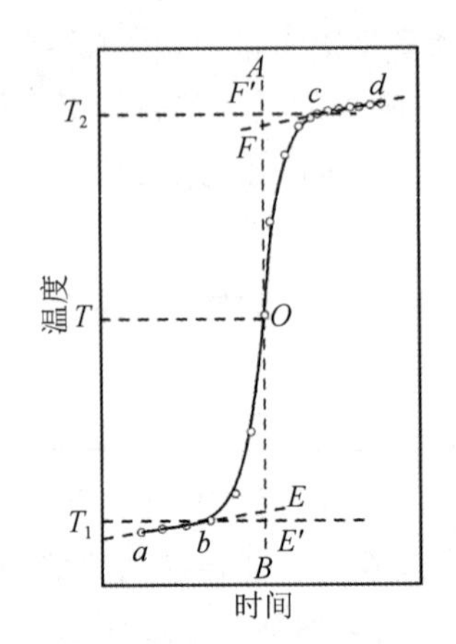

图 3-1-2　绝热良好的雷诺校正

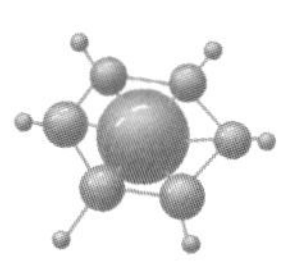

三、仪器和试剂

BH-ⅢS 型燃烧热测定实验装置(图 3-1-3),1 台;计算机,1 台;打印机,1 台;氧弹(图 3-1-4),1 个;弹头架,1 个;放气头,1 个;压片机(图 3-1-5),2 台;充氧器(图 3-1-6),1 台;万用表,1 个;量筒,1000 mL,1 个;直尺,1 把;小螺丝刀,1 把。

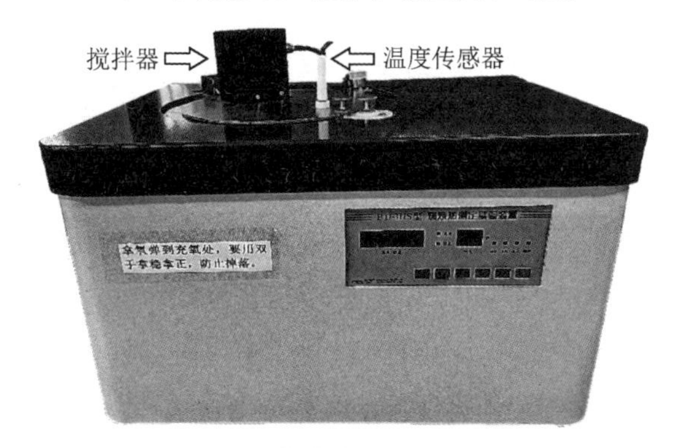

图 3-1-3　燃烧热测定实验装置

图 3-1-4　氧弹

图 3-1-5　压片机

氧气瓶(含氧气减压器,图 3-1-6、图 3-1-7),1 瓶;苯甲酸;萘;引火丝,1 卷。

四、实验步骤

(1) 压片机如图 3-1-5,有丝杆、模子、垫片、垫板等,先把丝杆旋离模子,取下模子(图 3-1-8)和垫片。取一根 12～13 cm 长引火丝,穿过垫片两小孔,两端大致等长,用手捻压引火丝的中点成“Λ”形,“Λ”形尖端高于垫片 0.4～0.5 cm,引火丝两端分别从垫片下方凹槽引出(图 3-1-9),然后把垫片放入模子底部,手压住垫片,把模子放在垫板上。取出干燥器中的苯甲酸,用精度为 0.01 g 的天平在称量纸上称取 1 g 左右,倒入压片机的模子

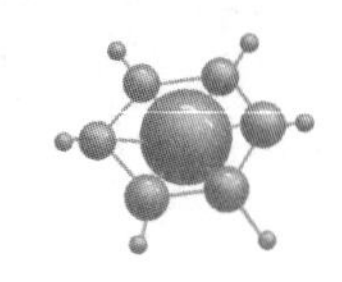

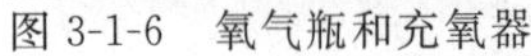

图 3-1-6　氧气瓶和充氧器

图 3-1-7　钢瓶阀门和减压器

中,往下旋紧丝杆直至压紧样品,不要太松,也不要太用力。抽去模子下的垫板,拿走落下的垫片,在模子下放一张称量纸,往下旋丝杆,压片样品落下,用精度 0.1 mg 的天平称量压片样品的质量,扣去引火丝质量,即为样品质量。一般 12～13 cm 引火丝为 0.008 g。注意压制苯甲酸和萘样品的两台压片机不得混用。

(2) 将氧弹盖放在弹头架上,如图 3-1-10,氧弹盖下方有两个点燃引火丝的电极,其中一个电极与坩埚架相连,注意另一个电极不能与坩埚架或坩埚相接触。手抓引火丝把压片放入坩埚中,引火丝两端缠绕在氧弹盖的两根电极上,电极有缺口,将引火丝拉入缺口绕圈两次,可用小螺丝刀调整引火丝,使它不与坩埚接触。如图 3-1-11,用万用表测量两电极的电阻,将转换开关置于“Ω”区“200”处,一支测试笔紧靠充气口螺栓上,另一支测试笔紧靠螺栓旁的氧弹盖,两电极间的电阻需小于 15 Ω,如果大于 15 Ω,需重新安装引火丝。从弹头架上拿起氧弹盖,缓缓旋紧氧弹,再用万用表测量两电极电阻。

图 3-1-8　倒置的模子

图 3-1-9　装引火丝的垫片

图 3-1-10　氧弹盖

(3) 拿氧弹到充氧处,要用双手拿稳拿正,防止掉落。把氧弹拿至充氧器充气口正下方,先检查氧气减压器的螺杆是否已处于旋松状态(以逆时针旋转时不需用力为准)。接着,逆时针慢慢旋转钢瓶上的梅花旋钮,紧靠钢瓶嘴的表头将显示钢瓶内的压力。一手压下充氧器的把手,使充氧器的充气口紧靠氧弹的充气口;另一手顺时针旋紧氧气减压器的

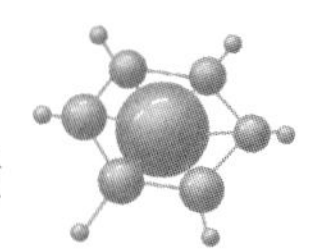

螺杆,使第二个表头升至1.6 MPa,打开秒表计时至60 s,然后逆时针旋松螺杆,旋转至不需用力即可,如果继续旋转螺杆可能脱落,最后一手扶着氧弹,并松开充氧器的把手(图3-1-12)。第一次充氧气,要先请老师做操作示范,在钢瓶及减压器上操作时,人不要站在钢瓶嘴所对方向,即应该站在减压器的侧边。另外,充气期间手都要压在充氧器的把手上,严禁手离开把手。

图3-1-11 万用表测试位置

图3-1-12 充氧器操作

(4) 用万用表测量氧弹两电极的电阻是否仍小于15 Ω,如果没有,需放气后重装引火丝。观测燃烧热测定实验装置外筒的温度计,记录温度读数,加入量热容器的自来水温度要低于此温度1 ℃左右。拿下燃烧热测定实验装置的量热容器盖子上的温度传感器和搅拌器,打开盖子,用量筒加2800 mL自来水到梨形量热容器(图3-1-13)中,把氧弹放入量热容器中的氧弹架上。如图3-1-14,点火导线的夹子夹住氧弹提手的金属部分,插销插进氧弹盖上的插孔,盖上盖子。导线由盖子旁的侧孔引出,把传感器和搅拌器放在盖子上。如果氧弹妨碍传感器和搅拌器的放置,要适当调整氧弹的位置。开启燃烧热测定实验装置,如图3-1-15,按"搅拌"按钮打开搅拌器,搅拌指示灯亮,按"置零"按钮,使温差示值为0。

图3-1-13 梨形量热容器

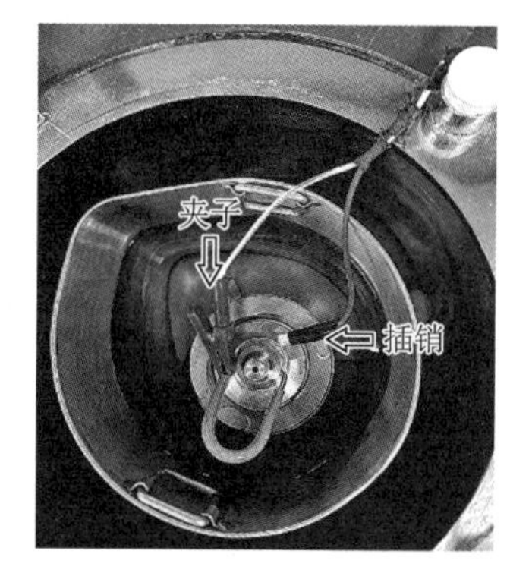

图3-1-14 点火导线连接

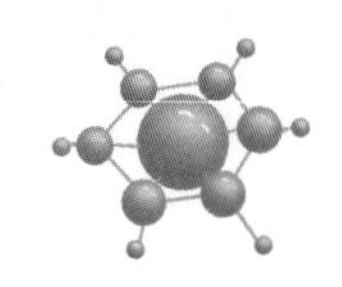

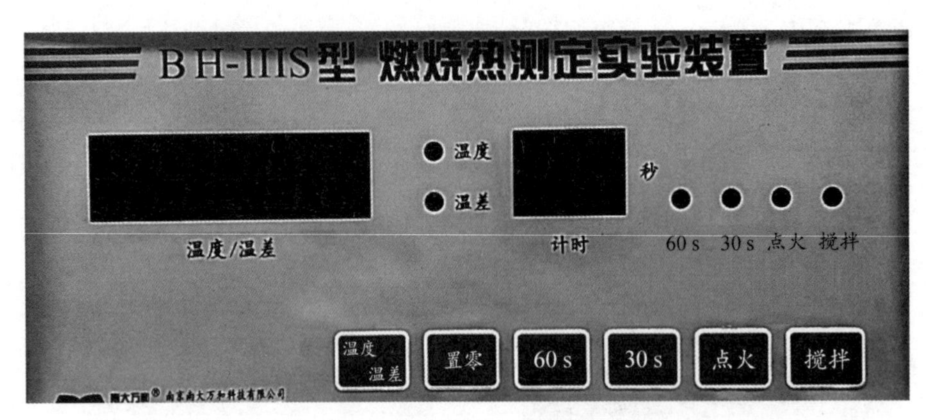

图 3-1-15　燃烧热测定实验装置面板

(5) 在计算机桌面上打开"燃烧热"软件，点击"继续"进入"主菜单"，如图 3-1-16，点击"comm1"，并点击"选择串口"，然后点击"选择确定"，点击"参数设置(W)"。如图 3-1-17，在"参数设定"窗口，点击"横坐标极值"，选择"45"；再点击"纵坐标极值"，选择"2.8"；点击"纵坐标零点"，选择"－0.2"；点击"温度采样周期"，选择"30"；点击"确定"，点击"退出"。点击主菜单窗口的"开始实验(X)"，进入"实验"窗口，如图 3-1-18，点击"开始实验"，会弹出一系列小窗口，其中，在"请输入样品名称"中，输入"苯甲酸"或"萘"；在"请输入样品质量"中，输入实验样品质量；在"是否需要保存数据"中，点击"YES"，文件名为"实验者姓名＋苯甲酸(或萘)"。最后弹出"实验开始"小窗口，先按"燃烧热测定实验装置"的"置零"键，再点击"OK"，开始实验。

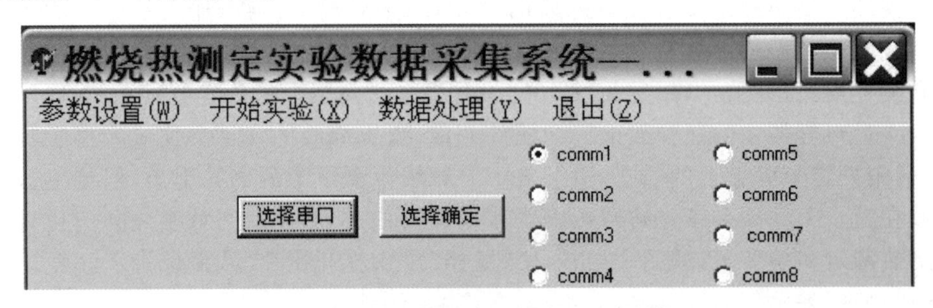

图 3-1-16　燃烧热测定选择串口页面局部

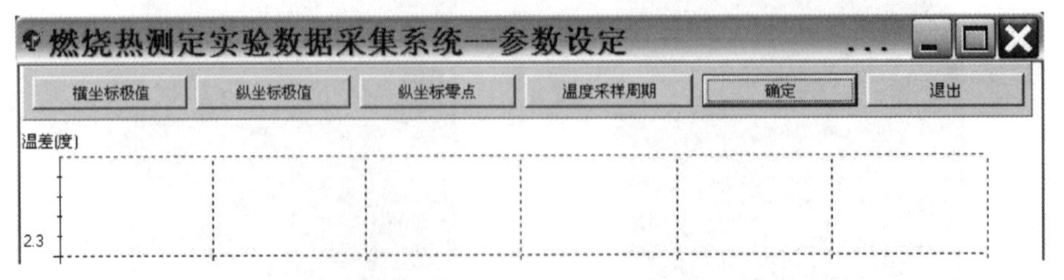

图 3-1-17　燃烧热测定参数设定页面局部

(6) 过几分钟，"实验"窗口坐标图上方显示"请按'点火'按钮点火，点火指示灯亮3秒后自动熄灭表示已完成点火"。看到显示后，按燃烧热测定实验装置的"点火"键。点

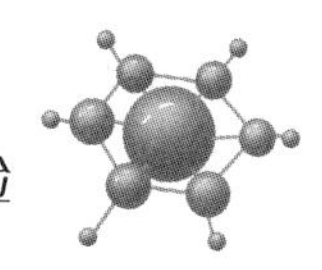

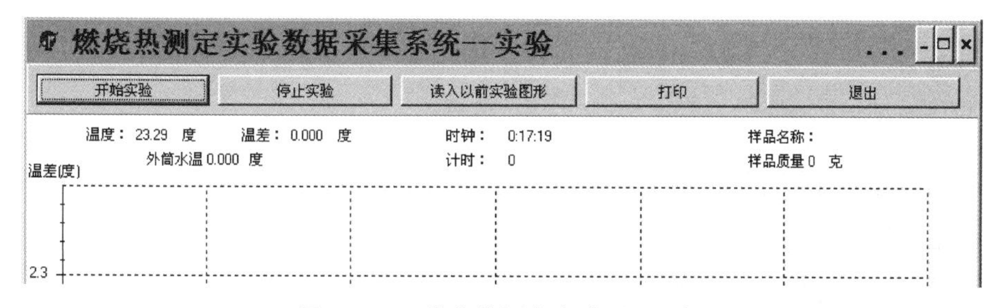

图 3-1-18 燃烧热测定实验页面局部

火后，温差将较快升高，至温差最高点后，再测 10 min，如果没有出现温差最高点，实验至 35 min 结束。点击“停止实验”，点击“打印”，“打印比例”输入“6”。按燃烧热测定实验装置的“搅拌”按钮，搅拌指示灯灭，关闭搅拌器，点击“实验”窗口的“退出”，并退出燃烧热测定实验数据采集系统。

(7) 关闭燃烧热测定实验装置后板上的电源开关，拿下温度传感器和搅拌器，打开盖子，取下点火导线，拿出氧弹。用挂在实验装置侧面把手的放气头(图 3-1-19)压入氧弹充气口放出氧气，操作时要注意放气头喷嘴的朝向，因为氧气由喷嘴喷出。打开氧弹后，观察是否燃烧完全，同时取下残余引火丝并测量长度。将量热容器提出，倒掉里面的水，再放回原处，如图 3-1-20，量热容器的窄端放于“1”和“2”固定柱之间，宽端放于“3”和“4”固定柱之间。最后盖上盖子，温度传感器和搅拌器放回原处。

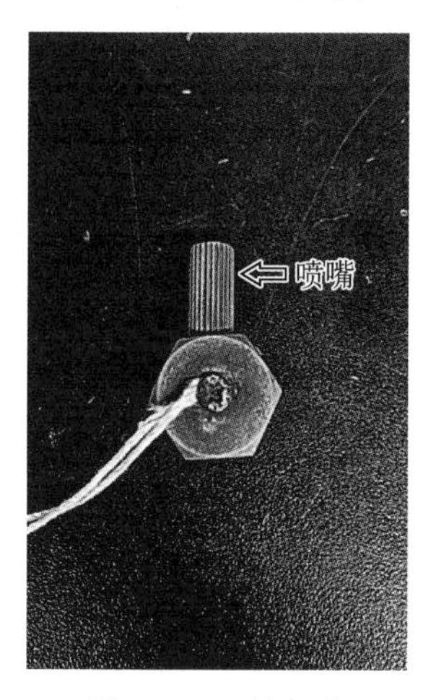

图 3-1-19 放气头

图 3-1-20 量热容器底座

(8) 称取 0.6 g 左右的萘，依上法测定其燃烧热。

五、实验数据记录与处理

1. 实验数据记录

(1) C 的测定

①苯甲酸质量________；引火丝长度________；

引火丝剩余长度________；水的体积________；

外筒水温________。

②各时间下的温差示值:实验坐标图打印件。

(2) 萘的燃烧热测定

①萘的质量________;引火丝长度________;

引火丝剩余长度________;水的体积________;

外筒水温________。

②各时间下的温差示值:实验坐标图打印件。

2. 实验数据处理

C 测定的数据均以 1 为下标,萘的燃烧热数据均以 2 为下标。

(1) 在打印的实验坐标图上用雷诺作图法分别校正苯甲酸和萘燃烧而使量热体系温度改变的 ΔT_1、ΔT_2。

(2) 根据水的温度值,分别由表 3-1-1 获知水的密度 ρ_1 和 ρ_2,温度值如果有小数位,取较接近的整数值。水的温度值以外筒的水温为准。

表 3-1-1 不同温度下水的密度

温度/℃	6	7	8	9	10
密度/(g·cm^{-3})	0.99994	0.99990	0.99985	0.99978	0.99970
温度/℃	11	12	13	14	15
密度/(g·cm^{-3})	0.99961	0.99950	0.99938	0.99925	0.99910
温度/℃	16	17	18	19	20
密度/(g·cm^{-3})	0.99895	0.99878	0.99860	0.99841	0.99821
温度/℃	21	22	23	24	25
密度/(g·cm^{-3})	0.99799	0.99777	0.99754	0.99730	0.99705
温度/℃	26	27	28	29	30
密度/(g·cm^{-3})	0.99679	0.99652	0.99624	0.99595	0.99565
温度/℃	31	32	33	34	35
密度/(g·cm^{-3})	0.99535	0.99503	0.99471	0.99438	0.99404

(3) 根据式(3-1-1)求苯甲酸的 Q_V,苯甲酸的燃烧反应式为

$$C_6H_5COOH(s)+\frac{15}{2}O_2(g)=7CO_2(g)+3H_2O(l)$$

(4) 根据式(3-1-2)求出 C。

(5) 根据式(3-1-2)求萘的 Q_V。

(6) 根据式(3-1-1)求萘的 Q_p。T 以外筒的水温为准,萘的燃烧反应式为

$$C_{10}H_8(s)+12O_2(g)=10CO_2(g)+4H_2O(l)$$

六、思考题

(1) Q_p、Q_V 与温度 T 有关吗?所测的 Q_V 是什么温度下的燃烧热?

(2) 为什么温度差值要经过雷诺作图法校正?

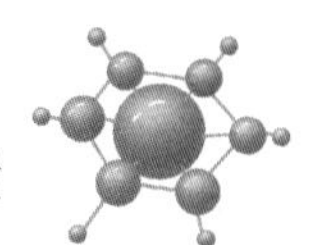

(3) 为什么苯甲酸限制在 1 g 左右，萘限制在 0.6 g 左右？太多或太少有何不好？

(4) 固体样品为什么要压成片状？

(5) 使用氧气钢瓶和减压器时应注意些什么？

(6) 为什么内筒水温要比外筒水温低？低多少合适？

附录 1-1 燃烧热测定实验装置

BH-ⅢS 型燃烧热测定实验装置由南京南大万和科技有限公司生产，配备燃烧热测定系统专用软件及数据采集接口装置。系统专用软件用于燃烧热测定实验的全部测控过程，以及数据处理、作图、打印。燃烧热测量数据采集接口装置线路采用全集成设计方案，具有质量轻、体积小、耗电省、稳定性好等特点。

BH-ⅢS 型燃烧热测定实验装置的主要技术指标为：① 温度测量范围：－50～150 ℃；② 温度测量分辨率：0.01 ℃；③ 温差测量分辨率：0.001 ℃；④ 氧弹耐压：20 MPa；⑤ 应用软件平台：Windows 98 及以上。

如图 3-1-16，专用软件有“参数设置”“开始实验”“数据处理”三个主菜单，以及“退出”功能按钮。参数设定页面如图 3-1-17，有“横坐标极值”“纵坐标极值”“纵坐标零点”“温度采样周期”四个子菜单项，以及“确定”“退出”两个功能按钮。① “横坐标极值”，用于设置实验绘图区的横坐标，单位为 min。② “纵坐标极值”，用于设置实验绘图区的纵坐标最大值，单位为℃。③ “纵坐标零点”，用于设置实验绘图区的纵坐标最小值，单位为℃。设置纵坐标极值和零点这两项参数，要根据实验中的经验值进行调整。④ “温度采样周期”，用于设置实验中温度采样的时间间隔，以 s 为单位，一般设置 30 s。修改完上述参数后，按下“确定”键，即可看到修改参数后的效果，然后按“退出”键退出参数设置菜单。

点击“开始实验”，进入实验测定页面，如图 3-1-18，有“开始实验”“停止实验”“读入以前实验图形”“打印”四个子菜单项，以及“退出”功能按钮。按下“开始实验”键，根据提示逐步进行实验，操作者认为实验已结束，可按“停止实验”结束实验。如果需要打印此次实验图形，按下“打印”键，选择打印比例，即可打印实验图形和数据。系统在“开始实验”后自动在绘图区中描绘温度随时间的变化图形，如果时间到达横坐标极值后或按下“停止实验”，系统将停止记录并把所得数据以操作者命名的文件名保存。另外，当对图形形状不满意时，可以用“参数设置”中的各项功能对绘图区坐标进行调节。操作者如果需要调出以前的实验图形，按下“读入以前实验图形”，输入需读出的实验图形的文件名，即可读出以前的实验图形，并且可通过“参数设置”菜单修改横坐标、纵坐标来调整图形以达到最好的效果。

点击“数据处理”，进入数据处理页面，有“从数据文件中读取数据”“数据处理”“打印”三个子菜单，以及“退出”功能按钮。① 按下“从数据文件中读取数据”键后，操作者再输入文件名，即可见到以前实验图形和数据。② 按下“数据处理”按钮后，操作者根据提示输入必要的参数后，软件自动对实验数据进行处理，画出雷诺校正图并计算恒容燃烧热和恒压燃烧热。③ 按下“打印”按钮后，计算机打印出实验结果和雷诺校正图。④ 按下“退出”按钮后，系统退回主菜单。

BH-ⅢS 型燃烧热测定实验装置的使用注意事项：① 要将仪器放置在无强电磁场干扰的区域内；② 不要将仪器放置在通风的环境中，尽量保持仪器附近的气流稳定。

实验二 凝固点降低法测定摩尔质量

一、实验目的

(1) 掌握用凝固点降低法测定物质摩尔质量的原理和方法。

(2) 了解半导体设备在制冷和加热上的使用。

二、实验原理

凝固点降低是非挥发性溶质二组分稀溶液的依数性质之一。依数性质是当指定溶剂的种类和数量后,这些性质只取决于所含溶质分子的数目,而与溶质的本性无关。假定溶剂和溶质不生成固溶体,固态是纯溶剂的凝固体,那么稀溶液的凝固点降低公式为

$$\Delta T_f=\frac{R(T_f^*)^2}{\Delta_{fus}H_{m,A}}\cdot\frac{n_B}{n_A}$$

式中,A 表示溶剂,B 表示溶质,ΔT_f 为凝固点降低值,R 为气体常数,T_f^* 为纯溶剂的凝固点,$\Delta_{fus}H_{m,A}$为纯溶剂摩尔熔化焓,n_B为溶质的物质的量,n_A 为溶剂的物质的量。以 M_A、M_B 表示溶剂、溶质的摩尔质量,m_A、m_B 表示溶剂、溶质的质量,那么

$$\Delta T_f=\frac{R(T_f^*)^2}{\Delta_{fus}H_{m,A}}\cdot\frac{m_B/M_B}{m_A/M_A}=\frac{R(T_f^*)^2}{\Delta_{fus}H_{m,A}}\cdot M_A\cdot\frac{m_B}{M_Bm_A}$$

令

$$K_f=\frac{R(T_f^*)^2}{\Delta_{fus}H_{m,A}}\cdot M_A$$

则

$$M_B=K_f\cdot\frac{m_B}{m_A\Delta T_f} \qquad (3\text{-}2\text{-}1)$$

K_f 称为质量摩尔凝固点降低常数,简称凝固点降低常数,其数值只与溶剂的性质有关。苯的 K_f 为 5.12 K·mol^{-1}·kg。如果已知溶剂的凝固点降低常数 K_f,并测得溶液的凝固点降低值 ΔT_f,以及溶剂和溶质的质量 m_A、m_B,那么就可求出溶质的摩尔质量 M_B。

纯溶剂的凝固点是指液相和固相平衡时的温度,此时液相和固相的蒸气压相等。溶液的凝固点是指固体溶剂与溶液成平衡时的温度,此时固体溶剂和溶液中的溶剂的蒸气分压相等。根据拉乌尔定律(Raoult law),

$$p_A=p_A^*x_A=p_A^*\frac{n_A}{n_A+n_B}$$

式中,p_A为溶液中的溶剂的蒸气压,p_A^* 为纯溶剂的蒸气压,x_A是溶液中 A 的摩尔分数。在溶剂中加入非挥发性溶质后,溶剂的蒸气压降低,凝固点降低可由此得到解释。

由于新相形成困难,当液体冷却到凝固点时,一般结晶并不析出。凝固点测定是将溶液逐渐冷却成过冷溶液,促使溶液结晶,晶体生成时,放出的凝固热使体系温度回升。当放热与散热达成平衡时,温度不再改变,此固液两相达成平衡的温度,即为溶液的凝固点。

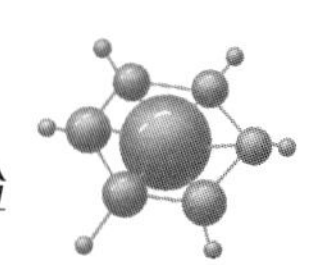

凝固点降低法不仅是一种简单且比较准确的测定物质摩尔质量的方法，而且在溶液的研究方面也具有重要意义。凝固点降低值的多少，直接反映了溶液中溶质的质点数目。溶质在溶液中有离解、缔合、溶剂化和络合物生成等情况存在，都会影响溶质的表观摩尔质量，因此凝固点降低法可用于研究溶液的电解质电离度、溶质缔合度、活度和活度系数等。

半导体制冷又称电子制冷或者温差电制冷，与压缩式制冷、吸收式制冷并称为三大制冷方式，它的工作原理是基于佩尔捷效应(Peltier effect)。佩尔捷效应的基本原理是：两种不同导体组成电路且通有直流电时，在导体连接处，由于电荷载体在不同材料中处于不同的能级，当它从高能级向低能级运动时，就会释放出多余的热量；反之，就需要从外界吸收热量，即表现为制冷。金属材料的佩尔捷效应比较微弱，而半导体材料则要强得多，因而得到实际应用的温差电制冷器件一般是由半导体材料制成的。半导体制冷器尺寸小，重量轻，无机械传动，无工作介质，作用速度快，使用寿命长，且易于控制，通过调节工作电流大小，可方便调节制冷速率；通过切换电流方向，可使制冷器从制冷状态转变为制热状态。

三、仪器和试剂

FPD-4A 凝固点降低实验装置(图 3-2-1)，1 台；计算机，1 台；打印机，1 台；温差探棒架子，1 个；洗耳球，1 只；移液管，25 mL，1 支；烧杯，100 mL，1 个；玻棒，1 支。

苯；萘。

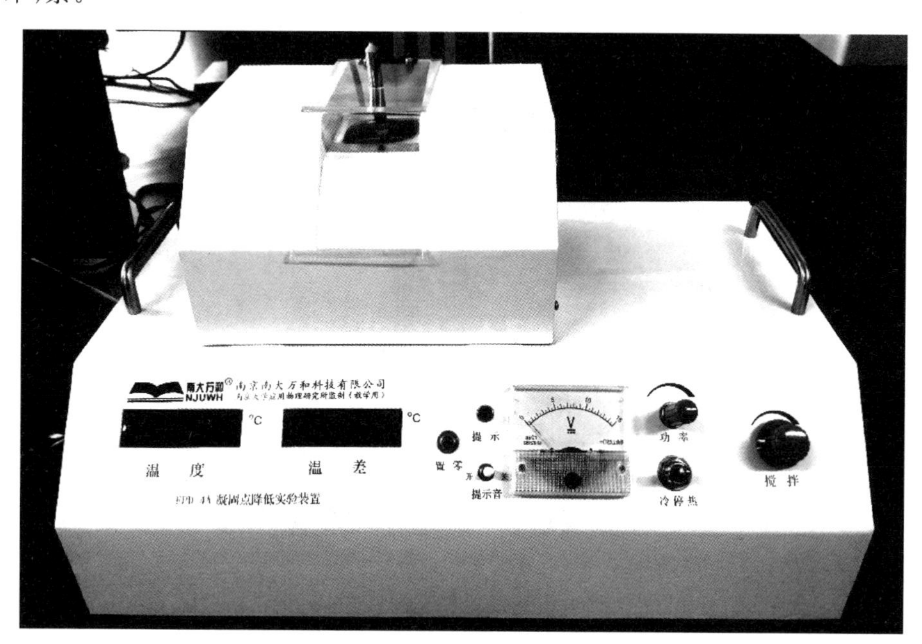

图 3-2-1 FPD-4A 凝固点降低实验装置

四、实验步骤

(1) 开启计算机，打开计算机桌面上“温度温差记录”软件，弹出“温度、温差记录”窗口，点击“仪器选择”，在下拉菜单中，点击“JDW-3F 型精密电子温差测量仪”，进入

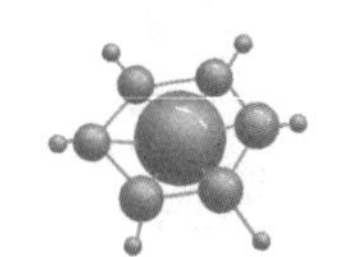

“JDW-3F温差记录”页面(图 3-2-2),时间设置为 0～6000,温差设置为 10,然后点击“确定”。

(2) FPD-4A 凝固点降低实验装置如图 3-2-1,温差探棒、样品室及样品容器如图 3-2-3,从设备顶部拔出温差探棒,插于架子上。打开样品室外盖,拿下样品室内盖,取出样品容器。用移液管量 25 mL 苯加入样品容器中,然后把样品容器放回样品室,盖上样品室的内盖和外盖,插入温差探棒。

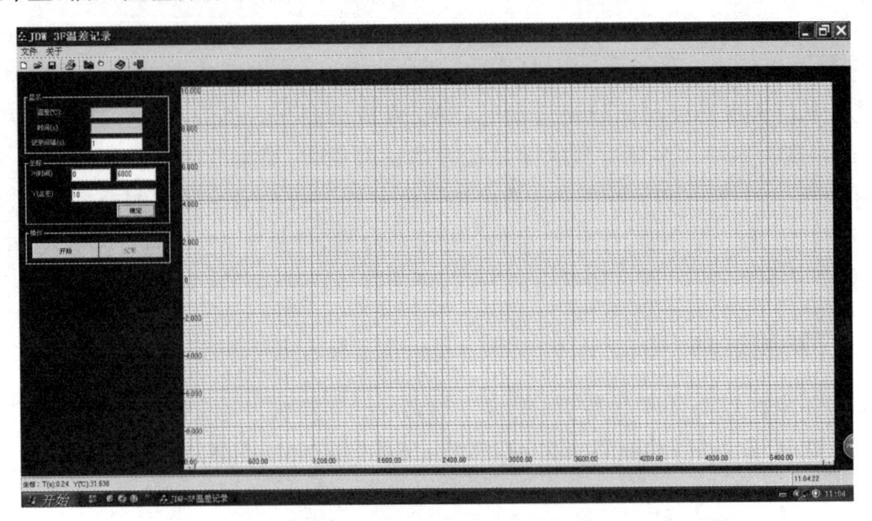

图 3-2-2　JDW-3F 温差记录页面

图 3-2-3　温差探棒、样品室及样品容器

(3) FPD-4A 凝固点降低实验装置面板如图 3-2-4,先注意“提示音”开关是否置于“关”的位置,冷热转换开关是否置于“停”的位置,“搅拌”旋钮上的刻度线是否处于小的位置。然后开启实验装置,观察样品容器中的搅拌子情况,慢慢调节“搅拌”旋钮,使搅拌子旋转起来,然后往回调节“搅拌”旋钮,使搅拌子以适当速度转动。按“置零”键使温差置零,观察温度示值,把低于此温度 3～4 ℃的温度作为起始恒温温度。调节“功率”旋钮,使电压示值至最小,接着冷热转换开关打至“冷”的位置,调节“功率”旋钮,使温度示值以 0.01～0.02 ℃递降,接

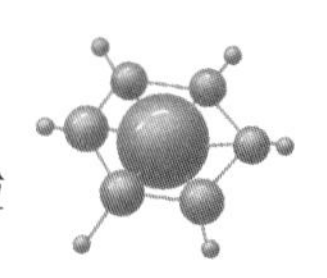

近设定的恒温温度时，调节“功率”旋钮，使温度降至恒温温度±0.05 ℃范围内，再按“置零”键温差置零，然后在“JDW-3F 温差记录”界面操作处点击“开始”。接下来的 30 min 内，通过观察温度示值和微调“功率”旋钮，使温度始终保持在恒温温度±0.05 ℃范围内。

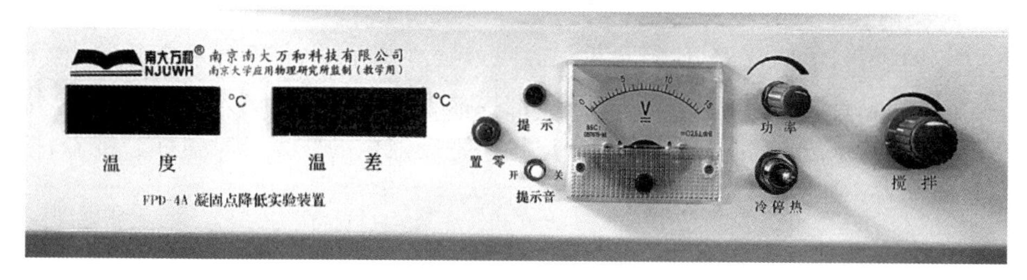

图 3-2-4 FPD-4A 凝固点降低实验装置面板

(4) 在恒温温度上恒温 30 min，按“置零”键温差置零，记录下此时的温度示值，然后进行降温至 2.50 ℃的操作。调节“功率”旋钮，使电压表的示值为 6，注意观察温差示值的变化，在温差示值为 9.000 时，按“置零”键温差置零。如果一时疏忽，错过 9.000 时置零，可选择一整位数置零，比如 9.200；如果超过 10，也可选择一整位数置零，但必须马上记下置零时的温差示值，在这后面，当温差示值为 9.000 时，也都要置零。注意观察温度示值，当温度降到 3.0 ℃时，调节“功率”旋钮，以适当的降温速度降至(2.50±0.1)℃，然后通过微调“功率”旋钮，使温度保持在此恒温温度范围内。

(5) 观察温差示值，当温差降得足够多，样品的温度达到凝固点附近时，将有晶体析出而放出热量，使温差示值快速回升。回升一段温度后，样品形成新的热平衡，温差示值保持基本不变，温差记录线成为水平线，在水平线上再实验 5 min，然后记录此时温差示值。在温差示值回升和水平阶段，恒温温度也要保持在(2.50±0.1)℃。接着，在“JDW-3F温差记录”页面操作处点击“结束”，弹出“数据是否保存?”小窗口，点击“是”，弹出“保存为”小窗口，保存在“我的文档”，文件名为“实验者姓名+苯”。接着，将凝固点降低实验装置的“搅拌”旋钮调至最小，使搅拌子停止转动；冷热转换开关打至“停”的位置，拿出温差探棒放在架子上，打开样品室外盖，拿下样品室内盖，取出样品容器放在实验桌上。然后，点击“JDW-3F 温差记录”页面一级菜单栏中的“文件”，在下拉菜单中，点击“打印”，并在打印件上写下起始恒温温度和最后温差示值。

(6) 拿起样品容器，用玻棒压住搅拌子，把样品容器中的苯倒入烧杯中，再把烧杯中的苯倒入标有“苯废液”的废液瓶中，请记得要把废液瓶的瓶盖及时盖好。在精度 0.1 mg 的电子天平上，用称量纸称取 0.2～0.25 g 的萘，记录萘的质量。把萘倒入样品容器中，然后用移液管取 25 mL 苯加入样品容器，把样品容器放回样品室，盖上样品室的内盖和外盖，插入温差探棒，调节“搅拌”旋钮，使搅拌子以适当速度转动。起始恒温温度与测苯的凝固点的起始恒温温度相同，按“置零”键温差置零，观察温度示值，如果低于此恒温温度，调节“功率”旋钮，使电压示值至最小；接着冷热转换开关打至“热”的位置，调节“功率”旋钮，以适当的升温速度升至设定的恒温温度±0.05 ℃，把冷热转换开关打至“停”的位置，再按“置零”键温差置零，然后在“JDW-3F 温差记录”页面操作处点击“开始”。观察温度示值，如果温度示值升高，把冷热转换开关打至“冷”的位置，调节“功率”旋钮，使温度保持在恒温温度±0.05 ℃范围内。后面的操作与测苯的凝固点类似，只是必须降温至(1.50±0.1)℃，保存的文件名为“实验者姓名＋苯(萘)”，在打印件上要写下起始恒温温度、最后温差示值和萘的质量。

(7) 将凝固点降低实验装置的“搅拌”旋钮调至最小，使搅拌子停止转动，冷热转换开关打至“停”的位置，关闭仪器电源，拿出温差探棒放在架子上，打开样品室外盖，拿下样品室内盖，拿出样品容器，用玻棒压住搅拌子，把样品容器中的溶液倒入烧杯中，再把烧杯中的溶液倒入标有“苯废液”的废液瓶中，请记得要把废液瓶的瓶盖及时盖好。接着，把样品容器放回样品室，盖上样品室的内盖和外盖，插入温差探棒。

五、实验数据记录与处理

1. 实验数据记录

(1) 苯凝固点测定温差记录打印件，并在打印件上写下起始恒温温度和最后温差示值。

(2) 萘的苯溶液凝固点测定温差记录打印件，并在打印件上写下起始恒温温度、最后温差示值和萘的质量。

2. 实验数据处理

(1) 苯的密度采用下式计算

$$\rho=0.9001-1.0636\times10^{-3}\times t$$

ρ 的单位是 $g\cdot cm^{-3}$，t 为室温。

(2) 苯和萘的苯溶液的凝固点等于设定的起始恒温温度减去温差示值的总和，温差示值由记录起始恒温温度并温差置零时开始计算，至记录最后温差示值为止，温差示值按坐标图分正负。

(3) 根据式(3-2-1)，计算萘的摩尔质量。

六、思考题

(1) 凝固点降低法测摩尔质量的公式在什么条件下才适用？公式是否适用于电解质溶液？

(2) 根据什么原则考虑加入溶质的量？太多或太少会有怎样的影响？

(3) 在本实验中搅拌太快或太慢有何影响？

(4) 为什么会产生过冷现象？

附录 2-1　凝固点降低实验装置

FPD-4A 凝固点降低实验装置由南京南大万和科技有限公司生产，应用凝固点降低法测定物质的摩尔质量。该装置：① 采用高精度千分温度计测定温差，测量精确度高。② 采用大功率半导体制冷元件制冷，制冷方式效率高，无噪声，环保节能，升温降温可切换控制，电流能连续调节，实现升降温速度控制。③ 散热面采用强迫风冷，直流风扇，低噪声，高效率。无需外部连接冷却水，不会因为冷却水停水造成仪器损坏。④ 磁力搅拌

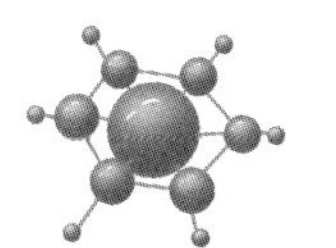

速度连续可调，无机械摩擦影响，无搅拌杆热传递问题。底部磁力搅拌设计，开放了样品上方的操作空间，利于加样取样，方便观察。⑤ 通过专门设计的实验软件，操作更加准确便捷，同时可以将数据以通用文件格式保存。

该实验装置内含 JDW-3F 型精密电子温差测量仪，此温差测量仪功能和贝克曼(Beckmann)温度计相同，可用于精密温差测量。仪器采用液氮—室温—液氮热循环处理过的热电传感器作为探头，因此具有灵敏度高、复现性好、线性好等优点。仪器线路采用全集成设计方案，配有 RS-232C 接口，可与计算机连接。

FPD-4A 凝固点降低实验装置的主要技术指标为：① 温差分辨率：0.001 ℃；② 制冷工作电压：0～12 V；③ 制冷功率调节范围：0～150 W；④ 冷浴温度控制范围：－25～35 ℃；⑤ 温度测量范围：－50～180 ℃；⑥ 温度分辨率：0.01 ℃。

FPD-4A 凝固点降低实验装置使用注意事项：(1) 所有实验器件实验前必须清洁干燥；(2) 过冷温度需要控制在 0.5 ℃内；(3) 当出现大量结晶时，溶液的凝固点已经改变，平台会略微下降；(4) 制冷和加热开关在转换时，请在“停”的位置停放几秒。

实验三　分光光度法测定络合物稳定常数

一、实验目的

(1) 掌握等摩尔递变法测定络合物组成和络合稳定常数的方法。

(2) 了解可见分光光度计的原理，熟悉它的使用方法。

(3) 学习吸光度的校正方法。

二、实验原理

本实验通过分光光度法测定硫酸铁铵[$NH_4Fe(SO_4)_2 \cdot 12H_2O$]中的 Fe^{3+} 与钛铁试剂[$C_6H_2(OH)_2(SO_3Na)_2 \cdot H_2O$]形成络合物的组成(配位数 n)和络合物稳定常数 K。Fe^{3+} 与钛铁试剂在不同 pH 的溶液中形成配位数不同、颜色不同的络合物。实验中采用 pH=4.6 左右的乙酸-乙酸铵缓冲溶液(CH_3COOH-CH_3COONH_4)，加适量的缓冲溶液到络合物体系中，使 pH 值保持不变。缓冲溶液具体的 pH 值由老师测定，标示于试剂瓶的标签上，实验所测定的就是在此 pH 值下的络合物组成和络合物稳定常数。

本实验采用等摩尔递变法测定络合物组成和络合物稳定常数。所谓等摩尔递变法是指当两组分相混合时，在保持两组分总的物质的量不变的前提下，依次改变体系中两组分的摩尔分数比值，并测定它们的物理化学参数，研究两组分混合时是否发生化合、络合、缔合等作用，以及发生这些作用时两组分的计量比。为了配制溶液的方便，通常配制摩尔浓度相同的两组分溶液，在维持总体积不变的条件下，按不同的体积比配成一系列混合液，它们的体积比就是摩尔分数比。所测定的物理化学参数必须和发生的化学反应有明确的对应关系，而且干扰因素要能够排除。如果在可见光某个波长区，络合物有强烈的吸收，而两组分几乎不吸收，则可用分光光度法测定络合物的组成和稳定常数。

本实验用硫酸铁铵和钛铁试剂摩尔分数比为 3.3/6.7 的络合液，在可见分光光度计上进行全波长扫描，在扫描光谱图上找出最大吸收峰的对应波长。虽然在最大吸收峰波长下，硫酸铁铵和钛铁试剂吸收很小，但吸收还是存在的，因此吸光度并不完全是由络合物所引起的，必须加以校正。根据朗伯-比尔定律

$$A = Klc$$

A 为吸光度，K 为吸光系数，c 为溶液浓度，l 为液层厚度。在其他条件不变时，A 与 c 成线性关系。作 A 与 Fe^{3+} 摩尔分数比 y 的直角坐标图，该曲线极大值所对应的摩尔分数比就是络合物的络合比，即可求得络合物的组成 n。这是因为在总物质的量不变的情况下，只有两组分的摩尔分数比等于络合物的络合比，两组分都不过量，得到的络合物才会最多，吸光度最大。

溶液中金属离子 M 和配位体 L 形成络合物 ML_n，其反应式为

$$M + nL = ML_n$$

设开始时金属离子 M 和配位体 L 浓度分别为 a 和 b，而到络合平衡时络合物浓度为 x，则络合稳定常数

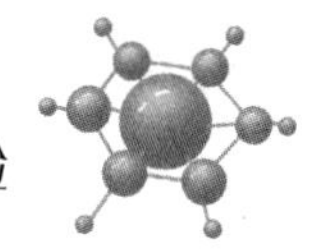

$$K=\frac{x}{(a-x)(b-nx)^n}$$

如果在两个不同的总物质的量下，测定并在同一坐标图中作出两条吸光度-摩尔分数比曲线，在同一吸光度下，x 值相等，则

$$K=\frac{x}{(a_1-x)(b_1-nx)^n}=\frac{x}{(a_2-x)(b_2-nx)^n} \tag{3-3-1}$$

解这个方程得到 x，就可计算络合稳定常数 K。

数据处理时，先对测得的吸光度 A 进行校正。如图 3-3-1，在 A 与 Fe^{3+} 摩尔分数比 y 的直角坐标图上，描出所测吸光度中 y 为 0 和 1 时的点 M 和 N，然后作直线 MN。校正后的吸光度 A' 为

$$A'=A-A_0$$

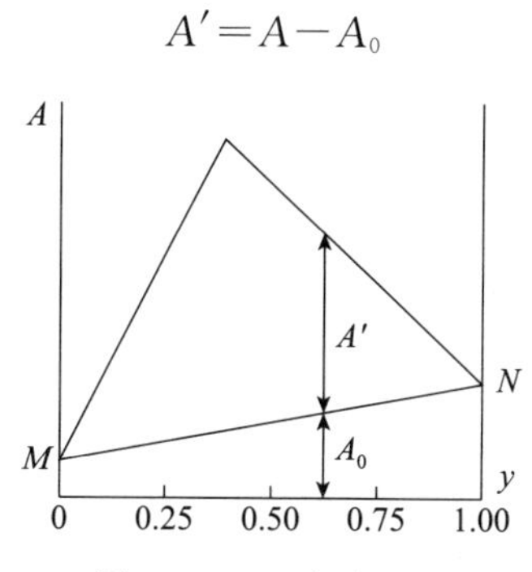

图 3-3-1　吸光度校正

校正吸光度后，在同一坐标图上作两条 A'-y 曲线（如图 3-3-2），曲线基本成线性关系，描出各点后，分别作两直线相交于一点，这点所对应的摩尔分数比就是络合物的络合比，则络合物组成

$$n=\frac{1-y}{y}$$

分别求两曲线的络合物组成，然后取其平均值，即为硫酸铁铵和钛铁试剂的络合物组成。如果在摩尔分数比接近络合物络合比时，曲线的线性较差，具有不明显的转折，那么仍在左右两边基本呈一直线的点上作两直线相交于一点。

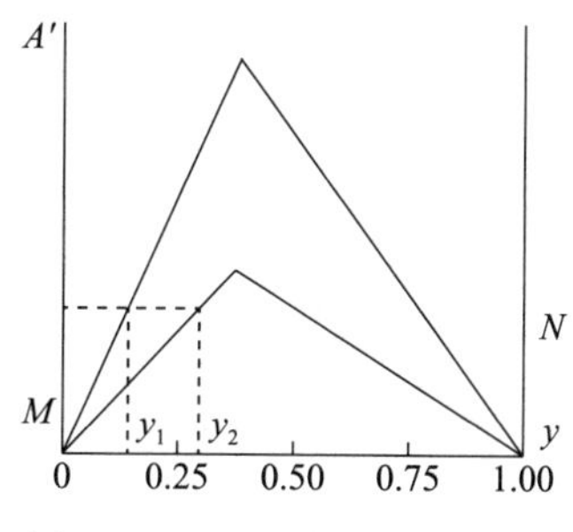

图 3-3-2　吸光度-摩尔分数比

图 3-3-2 中作一平行线交两曲线于一点，得两点所对应的摩尔分数比 y_1 和 y_2。因为配制的两组分溶液浓度均为 0.005 mol·L^{-1}，两组分混合时的总体积为 10 mL，并在

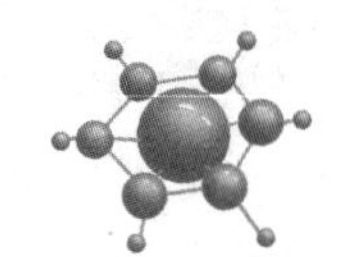

100 mL 的容量瓶中配制络合液，所以

$$a_1=\frac{0.005\ \text{mol}\cdot\text{L}^{-1}\times y_1\times 10\ \text{mL}}{100\ \text{mL}}=5\times10^{-4}y_1(\text{mol}\cdot\text{L}^{-1})$$

$$b_1=\frac{0.005\ \text{mol}\cdot\text{L}^{-1}\times(1-y_1)\times 10\ \text{mL}}{100\ \text{mL}}=5\times10^{-4}(1-y_1)(\text{mol}\cdot\text{L}^{-1})$$

同理，可算得 a_2、b_2 值。

三、仪器和试剂

L2S 可见分光光度计(图 3-3-3)，1 台；10 mm 比色皿，4 只；计算机，1 台；打印机，1 台；容量瓶，250 mL ，2 个；容量瓶，100 mL，12 个；移液管，25 mL ，1 支；刻度移液管，10 mL，2 支；烧杯，250 mL，3 个；滴管，1 支；洗耳球，2 个。

钛铁试剂；硫酸铁铵；硫酸溶液，1 mol · L^{-1}；乙酸-乙酸铵缓冲溶液，pH 4.6。

四、实验步骤

(1) 配制 0.005 mol · L^{-1}硫酸铁铵溶液 250 mL，配制此溶液需加入 1 mol · L^{-1}硫酸溶液 2 mL 以防止溶液水解而变浑浊。配制 0.005 mol · L^{-1}钛铁试剂 250 mL。

(2) 可见分光光度计如图 3-3-3 所示。先检查样品室中除比色皿架外无其他东西，然后打开电源，仪器进入系统自检程序，系统自检过程中一定不能打开样品室门。系统自检完成后，进入功能菜单页面。一般仪器预热 30 min 后可开始测试。

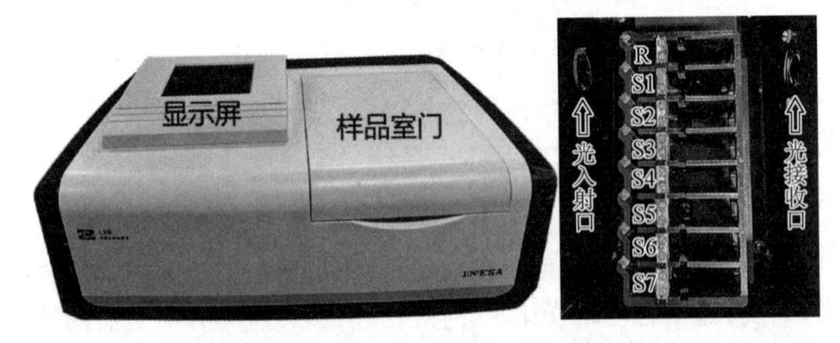

图 3-3-3　L2S 可见分光光度计及样品室

(3) 用 12 个 100 mL 容量瓶按表 3-3-1 配制 12 个待测样品，然后依次将各样品用实验纯水稀释至刻度，容量瓶至少倒翻 3 次以摇匀溶液。

表 3-3-1　第一组测试溶液配制

溶液编号	1	2	3	4	5	6	7	8	9	10	11	12
硫酸铁铵体积/mL	0	1.0	2.0	3.0	4.0	5.0	6.0	7.0	8.0	9.0	10.0	3.3
钛铁试剂体积/mL	10.0	9.0	8.0	7.0	6.0	5.0	4.0	3.0	2.0	1.0	0	6.7
缓冲溶液体积/mL	25.0	25.0	25.0	25.0	25.0	25.0	25.0	25.0	25.0	25.0	25.0	25.0

(4) 比色皿盒中有 4 只比色皿(如图 3-3-4)，比色皿两面为毛玻璃，两面为透光玻璃，拿比色皿时手抓在毛玻璃上。在比色皿架中对准光路的为透光玻璃，透光玻璃上的水可

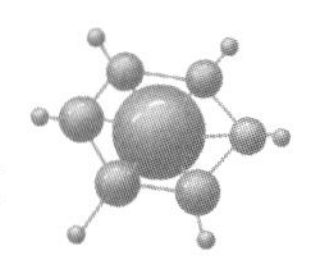

用滤纸吸干，比色皿中装入溶液达 3/4 高度即可。取 4 只比色皿，装入实验纯水，打开样品室，放于比色皿架 R、S1、S2、S3 位置，比色槽被隔离栅分成两部分，隔离栅是为了卡紧比色皿，比色皿应置于宽度相符的部分，盖上样品室门。

图 3-3-4 比色皿

（5）开启计算机，打开桌面上“UV”软件，进入测试页面，如图 3-3-5。在测试页面左上角，列有 5 种工作模式，点击“波长扫描”，进入波长扫描工作模式。在测试页面右上角有参数设置，参数设置可如下：测量模式：Abs；波长范围：400～800 nm；纵坐标范围：－0.1～0.6；扫描间隔：1 nm；扫描速度：中速；扫描次数：1。在测试页面左下角显示样品池位置，注意样品池位置是否位于“R”，如果不是，就点击“R”前的小圈，样品池就会自动移动到“R”。在测试页面下部，显示波长、吸光度、透射比的实时数值，待数显稳定后，点击测试页面右下角“调零”，吸光度自动调零；然后点击测试页面右下角“基线”，左下角“工作状态”显示“正在基线校正”，基线校正完后，“工作状态”返回“待命”。接着点击“S1”前的小圈，样品池自动移动到 S1，待数显稳定后，点击“调零”自动调零。调零后，把 S1 比色皿中的实验纯水倒掉，装入 12 号溶液，置于 S1，盖上样品室门，点击测试页面右下角“启动”，开始进行波长扫描。扫描结束后，待波长返回400 nm，点击测试页面上部工具栏的“打印”，弹出“请输入图谱名”小窗口，填入“实验者姓名＋实验序号”作为图谱名，点击“OK”，即可打印出波长扫描图，在“分析者签名”处签上姓名。在扫描光谱图上，用直尺辅助找出最大吸收峰的对应波长，点击右下角“波长移动”，弹出“请输入波长值”小窗口，输入最大吸收峰对应波长，点击“OK”。

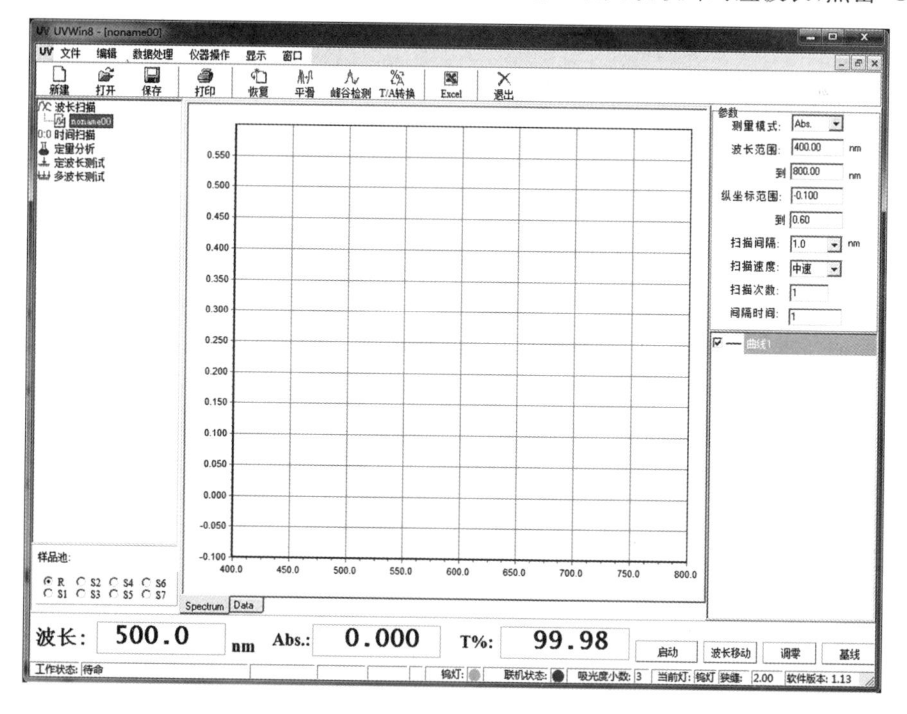

图 3-3-5 分光光度计波长扫描页面

（6）点击“定波长测试”，进入定波长测试工作模式，如图 3-3-6，在表格上部有“样品

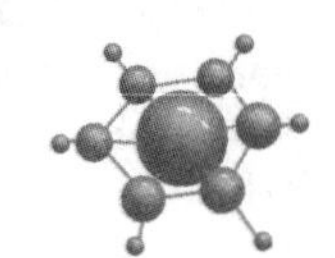

名称”栏，填入“实验者姓名＋实验序号”作为样品名。点击“S2”前的小圈，样品池自动移动到 S2，待数显稳定后，点击表格右边的“调零”自动调零，然后在 S3“调零”，之后在测试样品时，比色皿的位置不能改变。为了保证各比色皿在比色皿架中的位置不变，每次更换比色皿中的样品时，只拿出一只比色皿，操作完放回原处后，再拿出另一只比色皿。如果 R 样品池重新调零，那么其他位置的样品池也要重新调零。

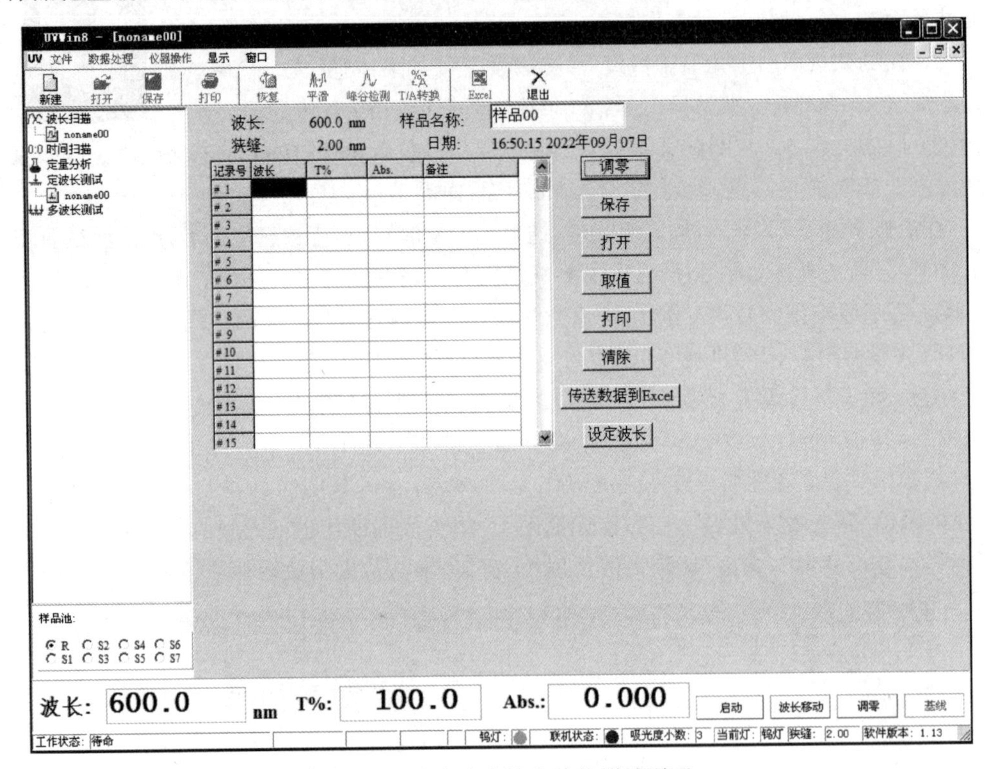

图 3-3-6　分光光度计定波长测试页面

(7) 保留 R 比色皿，S1 比色皿中溶液倒掉并用实验纯水荡洗，S2、S3 比色皿中实验纯水倒掉，S1、S2、S3 分别装入 1～3 号溶液，盖上样品室门，样品池移动到 S1，点击表格右边的“取值”，再分别移动到 S2、S3，点击“取值”。然后拿出 S1～S3 比色皿，倒掉溶液，用样品液荡洗一遍，装入 4～6 号溶液，以此方法测完第一组溶液。

(8) 用 100 mL 容量瓶按表 3-3-2 配制 11 个待测溶液，然后依次将各样品用实验纯水稀释至刻度，容量瓶至少倒翻 3 次以摇匀溶液。如上所述测定第二组溶液的吸光度。

表 3-3-2　第二组测试溶液配制

溶液编号	1	2	3	4	5	6	7	8	9	10	11
硫酸铁铵体积/mL	0	0.5	1.0	1.5	2.0	2.5	3.0	3.5	4.0	4.5	5.0
钛铁试剂体积/mL	5.0	4.5	4.0	3.5	3.0	2.5	2.0	1.5	1.0	0.5	0
缓冲溶液体积/mL	25.0	25.0	25.0	25.0	25.0	25.0	25.0	25.0	25.0	25.0	25.0

(9) 第一组溶液和第二组溶液都测定完后，点击表格右边的“打印”，打印出实验数

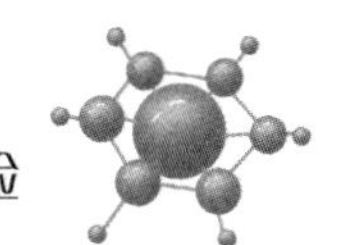

据，并在“分析者签名”处签上姓名。点击表格右边的“保存”，弹出“另存为”窗口，输入“实验者姓名＋实验序号”作为文件名，点击保存。取出样品室中的比色皿，用实验纯水荡洗干净，放于比色皿盒中。

五、实验数据记录与处理

1. 实验数据记录

(1) 波长扫描光谱图打印件。

(2) 定波长测试打印件，以溶液编号标注所测得的两组溶液的吸光度。

2. 实验数据处理

(1) 作吸光度校正图，找出各对应的 A_0，并计算 A'。两组溶液的 A、A_0、A' 分别列于表 3-3-3 中，y 为 Fe^{3+} 摩尔分数比。

表 3-3-3 测试溶液吸光度校正

y	0	0.1	0.2	0.3	0.4	0.5	0.6	0.7	0.8	0.9	1.0
A											
A_0											
A'											

(2) 在同一坐标图上作两条 A'-y 曲线，找出曲线顶点所对应的摩尔分数比，求得两曲线各自的 n 值，然后取其平均值，即为硫酸铁铵和钛铁试剂的络合物组成 n。

(3) 作一平行线交于 A'-y 两曲线，得对应的摩尔分数比 y_1 和 y_2，并计算 a_1、b_1、a_2、b_2。

(4) 根据式(3-3-1)，可求得 x。

(5) 把 x、a_1、b_1、n 或 x、a_2、b_2、n 代入式(3-3-1)，即求得硫酸铁铵和钛铁试剂的络合稳定常数 K。

六、思考题

(1) 为什么测试样品中要加入乙酸-乙酸铵缓冲溶液？

(2) 为什么要寻找最大吸收峰对应的波长？

(3) 为什么同一坐标图的两条 A'-y 曲线，在同一吸光度下络合物浓度相等？

附录 3-1 可见分光光度计

L2S 可见分光光度计由上海仪电分析仪器有限公司生产，该仪器能在可见光谱区域内对样品物质做定性、定量分析，广泛应用于医药卫生、生物化学、石油化工、环境监测、食品卫生和质量控制等领域。相比于同类产品，它有如下优点：① 超大彩色触摸显示屏幕；② 高智能操作模块和友好人机界面；③ 自动调 100%T、调 0A 功能；④ 简便的灯源更换操作；⑤ 浓度因子设定和浓度直读功能；⑥ USB 数据传输接口；⑦ 可配备 UVWin8 计算机通信软件。

L2S 可见分光光度计的主要技术指标为：① 单光束，1200 线/mm 全息光栅系统；

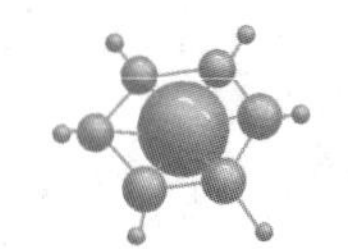

② 接收元件:硅光电池;③ 波长最大允许误差:±0.5 nm;④ 波长重复性:≤0.2 nm;⑤ 波长范围:325~1100 nm;⑥ 光源:钨卤素灯,12 V,20 W;⑦ 最小光谱带宽:(2±0.4)nm;⑧ 杂散光:≤0.05%(在 360 nm 处);⑨ 透射比最大允许误差:±0.5%;⑩ 透射比重复性:≤0.2%;⑪ 漂移:≤0.0009 A/0.5 h(开机 2 h 后,500 nm 处);⑫ 透射比测量范围:0.0%~200.0%;⑬ 吸光度测量范围:−0.301~4.000 A;⑭ 基线平直度:±0.002 A(200~1090 nm)。

L2S 可见分光光度计的分析测试及信息处理主要功能有:① 光度测量;② 光谱扫描;③ 定量分析;④ 多波长测定;⑤ 化学动力学测量;⑥ 图谱缩放、曲线保存调用;⑦ 峰值标定、搜索、打印输出。

该仪器的自动控制主要功能有:① 仪器开机内部系统工作状态自检及自动校正波长;② 波长自动定位;③ 滤色片自动切换;④ 图谱、数据显示、绘制、打印;⑤ 显示各种出错信息;⑥ 自动搜寻光源最佳能量点。

开启仪器时,仪器进行自检工作,在自检过程中,不得打开样品室,并确定样品槽中无样品。如图 3-3-7,仪器初始化工作包括样品架原点检测、滤光片原点检测、灯切换原点检测、波长原点检测、能量检测、零级光检测。如有某项工作出错,将会提示该项工作状态为"异常",并停止检测,要先纠正导致异常的因素,再重新进入系统,对仪器进行初始化。

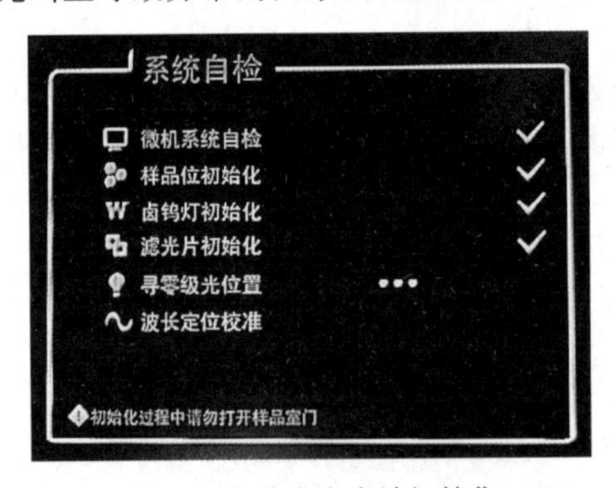

图 3-3-7 分光光度计初始化

UVWin8 实验专用软件由上海仪电分析仪器有限公司开发,可与该公司的部分分光光度计配套使用。配备 UVWin8 的 L2S 可见分光光度计主要有以下三种工作模式。

(1) 波长扫描工作模式。由实时波长扫描测量和图谱处理部分组成,图谱处理包括对实时图谱数据、已保存图谱数据进行图谱处理、存储处理、图谱打印。在实时波长扫描测量时,所有测量获得的图谱数据被自动保存在计算机的内存中,即 RAM(随机存储器)中,当测量重复进行时,内存中保存的数据将被自动刷新。为了获得每次扫描数据,用户新建窗口,或在每次扫描完成后,以建立文件的形式将扫描数据保存在磁盘中。打印时会弹出打印选择窗口(如图 3-3-8),一般只打印扫描图,不要勾选"是否打印数据?";如果要打印较小范围的数据,比如峰值附近的数据,就要填好"数据起点"和"数据终点"。

(2) 时间扫描工作模式。由实时定波长扫描和图谱处理两部分组成。图谱处理的方法与波长扫描处理时一致,只不过时间扫描图谱是指定波长条件下样品数据与时间之间关系的图谱。在屏幕中的横坐标以时间(s)为单位,而不是以波长(nm)为单位。

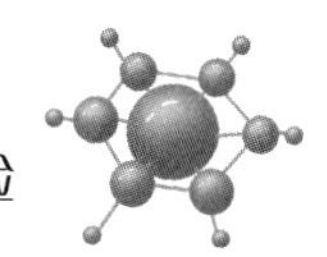

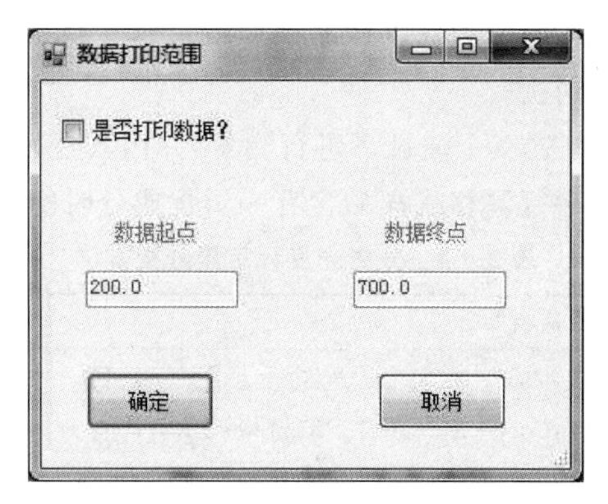

图 3-3-8 分光光度计打印选择

(3) 波长测试模式。分定波长测试和多波长测试:定波长测试是在单一波长下测试样品的吸光度;多波长测试可在几个不连续的波长位置上进行测试,如图 3-3-9,按下"波长设置"按钮,在测试表格的"波长"列中以一定顺序输入各波长值,按下"启动"按钮即启动多波长测定。

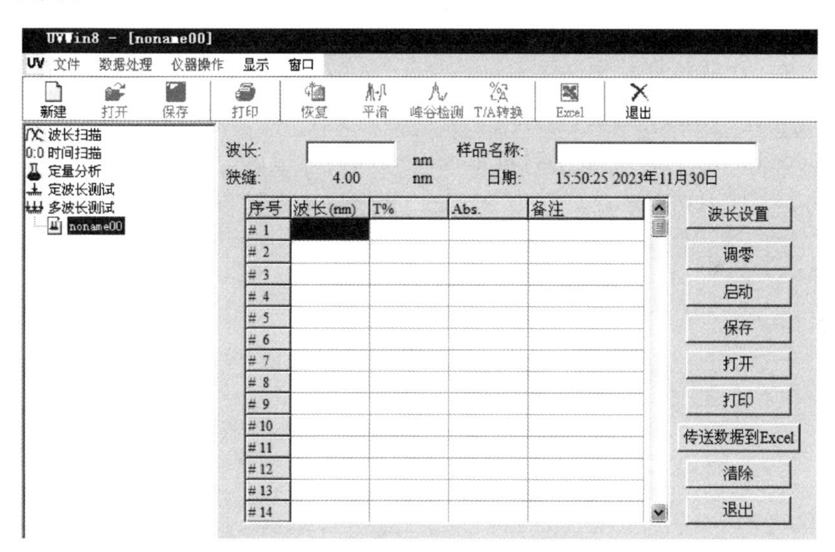

图 3-3-9 分光光度计多波长测试页面

除了以上三种工作模式,配备 UVWin8 的 L2S 可见分光光度计还可以进行定量分析。定量分析是用户预先建立工作曲线后再对未知浓度的样品进行测试并确定其浓度。仪器提供三种定量分析方式,每种方式都可选择一次至三次函数的工作曲线,每类工作曲线均可通过系数输入法或待定系数法建立。表 3-3-4 列出在定量分析中的测试方法、函数以及建立函数的方法,可以根据需要进行组合测试。

(1) 单波长法是一种常用的定量分析方法,在选择的固定波长下测得每一个样品的吸光度后确定该样品的浓度。

(2) 双波长法是在指定的两个波长下进行测量,用其吸光度的差值来确定未知浓度样品的浓度。双波长法通常用于消除因样品混浊或仪器基线漂移所造成的误差，还可用于消除样品中另一成分的干扰。

（3）三波长法是在选定的三个波长下进行测量，并用其吸光度值来确定样品的浓度。三波长法用于仪器基线非平行漂移或样品含有一干扰成分时的定量分析。

表 3-3-4　分光光度计定量分析方法

测试方法	工作曲线函数	函数建立方法
单波长法	一次函数：$Conc = K_1 \times Abs + K_0$	（1）系数输入法 （2）待定系数法
双波长法	二次函数：$Conc = K_2 \times Abs^2 + K_1 \times Abs + K_0$	
三波长法	三次函数：$Conc = K_3 \times Abs^3 + K_2 \times Abs^2 + K_1 \times Abs + K_0$	

（1）系数输入法是函数的系数（K_3、K_2、K_1、K_0）已知，可将已知的系数通过参数设定功能输入或通过调用已保存的定量数据文件，即可直接进行定量测试。

（2）待定系数法是通过对多个标准样品（即为已知浓度的样品）的测试，并采用最小二乘法运算进行线性回归，再得到样品的浓度工作曲线函数。

7230G 可见分光光度计也是上海仪电分析仪器有限公司生产的，也可以配备 UVWin8，与 L2S 可见分光光度计结构、功能大致相同，但不能进行波长扫描。仪器的主要技术指标为：① 波长最大允许误差：±1 nm；② 波长重复性：≤0.5 nm；③ 波长范围：325～1000 nm；④ 基线平直度：±0.003 A（335～990 nm）；⑤ 漂移：≤0.003 A/0.5 h（开机2 h后，500 nm 处）；⑥ 吸光度测量范围：−0.301～3.000 A；⑦ 杂散光：≤0.1%（在 360 nm 处）；⑧ 最小光谱带宽：（4±0.8）nm。其他技术指标与 L2S 可见分光光度计基本相同。

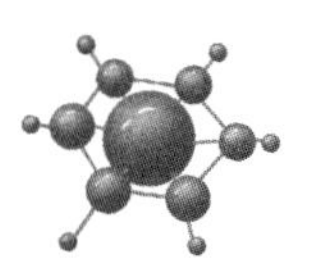

实验四　甲基红电离平衡常数的测定

一、实验目的

(1) 掌握分光光度法测定弱电解质电离平衡常数的方法。

(2) 掌握 pH 计的原理和使用。

二、实验原理

弱电解质的电离平衡常数的测定方法较多,有电导法、电位法、分光光度法等。本实验是根据甲基红在电离前后具有不同颜色和对单色光的吸收特性,借助分光光度法的原理,测定其电离平衡常数。

甲基红(methyl red,简称 MR)的分子式为

COOH
N=N　$N(CH_3)_2$

甲基红在水溶液中的电离平衡可简写成,

$$HMR \rightleftharpoons H^+ + MR^-$$

甲基红的酸式 HMR 呈红色,碱式 MR^- 呈黄色,其电离平衡常数 K 为

$$K=\frac{[H^+][MR^-]}{[HMR]}$$

$$pK=pH-\lg\frac{[MR^-]}{[HMR]}$$

根据朗伯-比尔定律,

$$A=Klc$$

式中,A 为吸光度,K 为吸光系数,l 为液层厚度,c 为溶液浓度。光径长度不变时,Kl 合并为 k,那么

$$A=kc$$

当溶液中两种组分 a、b 都遵守朗伯-比尔定律,两组分的吸光度等于各组分吸光度之和,假设 λ_a、λ_b 为 a、b 的最大吸收波长,那么

$$A_{\lambda_a}^{a+b}=A_{\lambda_a}^{a}+A_{\lambda_a}^{b}=k_{\lambda_a}^{a}c_a+k_{\lambda_a}^{b}c_b$$

$$A_{\lambda_b}^{a+b}=A_{\lambda_b}^{a}+A_{\lambda_b}^{b}=k_{\lambda_b}^{a}c_a+k_{\lambda_b}^{b}c_b$$

假定 HMR 为组分 a,MR^- 为组分 b,那么

$$[MR^-]=c_b=\frac{A_{\lambda_a}^{a+b}-k_{\lambda_a}^{a}c_a}{k_{\lambda_a}^{b}}$$

$$[HMR]=c_a=\frac{A_{\lambda_b}^{a+b}k_{\lambda_a}^{b}-A_{\lambda_a}^{a+b}k_{\lambda_b}^{b}}{k_{\lambda_b}^{a}k_{\lambda_a}^{b}-k_{\lambda_b}^{b}k_{\lambda_a}^{a}}$$

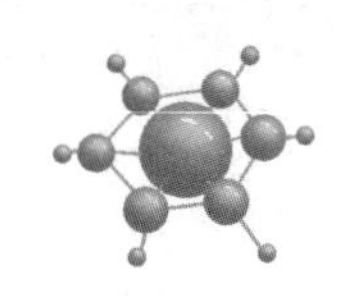

三、仪器和试剂

L2S可见分光光度计，1台；比色皿，10 mm，5只；PHSJ-3F型pH计，1台；计算机，1台；打印机，1台；容量瓶，100 mL，5个；移液管，25 mL，2支；移液管，20 mL，1支；移液管，10 mL，3支；烧杯，50 mL，3个；量筒，50 mL，1个；滴管，1支；洗瓶，1个；洗耳球，1个。

甲基红储备液，0.4 g甲基红（甲基红分子量269.30），加600 mL 95%乙醇，稀释至1000 mL，超声辅助溶解；95%乙醇；盐酸，0.1 mol·L^{-1}；乙酸钠，0.04 mol·L^{-1}；乙酸，0.02 mol·L^{-1}；混合磷酸盐标准缓冲溶液（25 ℃，pH 6.86；30 ℃，pH 6.85；35 ℃，pH 6.84）。

四、实验步骤

1. 开启可见分光光度计

可见分光光度计的电源开关在后面板，初始化过程不能打开样品室门。

2. 配制溶液

(1) 甲基红标准溶液：取20 mL甲基红储备液，加入40 mL 95%乙醇，在容量瓶中用实验纯水稀释至100 mL。

(2) 酸式甲基红溶液a：取10 mL甲基红标准溶液，加入0.1 mol·L^{-1}盐酸10 mL，在容量瓶中用实验纯水稀释至100 mL。

(3) 碱式甲基红溶液b：取10 mL甲基红标准溶液，加入0.04 mol·L^{-1}乙酸钠25 mL，在容量瓶中用实验纯水稀释至100 mL。

(4) 甲基红混合溶液1：取10 mL甲基红标准溶液，加0.04 mol·L^{-1}乙酸钠25 mL，加0.02 mol·L^{-1}乙酸25 mL，用实验纯水稀释至100 mL。

(5) 甲基红混合溶液2：取10 mL甲基红标准溶液，加0.04 mol·L^{-1}乙酸钠25 mL，加0.02 mol·L^{-1}乙酸10 mL，用实验纯水稀释至100 mL。

提示：请注意甲基红储备液和甲基红标准溶液的区别。

3. 测定吸收光谱曲线

(1) 开启计算机、打印机，在计算机桌面打开与可见分光光度计配套的UV软件，出现用户登录，无需密码，直接点击“确定”。

(2) 测定酸式甲基红溶液a的吸收光谱曲线，打印光谱曲线，找出最大吸收峰所对应的波长λ_a，把波长值写在打印件上。

(3) 测定碱式甲基红溶液b的吸收光谱曲线，打印光谱曲线，找出最大吸收峰所对应的波长λ_b，把波长值写在打印件上。

提示(1)：在波长扫描模式下作吸收光谱曲线，如图3-4-1，点击“波长扫描”，点击二级菜单“新建”，弹出“检测项目信息”小窗口，可填写适当内容，也可不填写任何内容，直接点击“确定”。

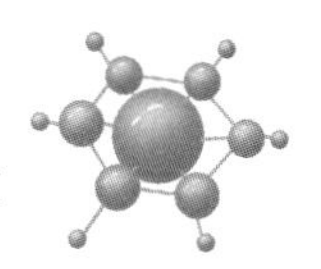

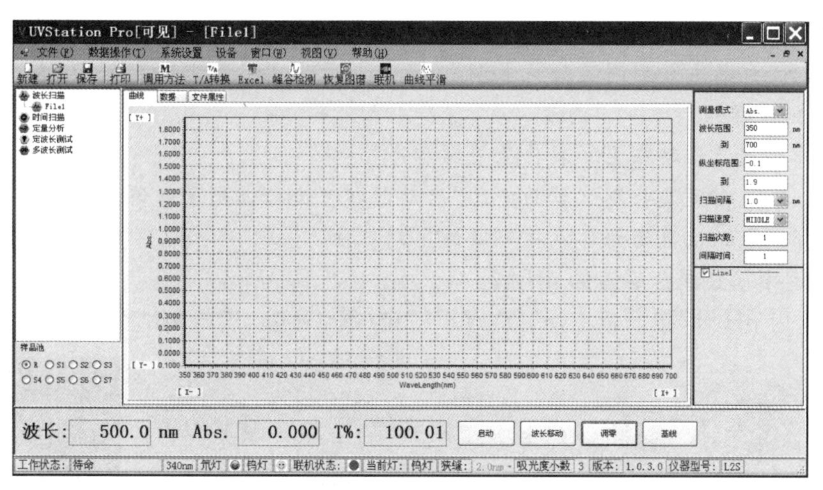

图 3-4-1 分光光度计 UV 波长扫描页面

提示(2):要设置合适的波长扫描参数,建议波长扫描范围为 350～700 nm。吸光度扫描范围的选择,可先做一次尝试扫描,再确定适当的范围。

提示(3):移动样品池直接在软件测试页面完成,点击所要移动的比色槽前的小圈。比色皿架最靠里面的比色槽是 R 位,由里向外分别为 R、S1、S2、S3、S4、S5、S6、S7。

提示(4):测定吸收光谱曲线前,要先在 R 样品池用实验纯水做基线校正,基线校正后 R 样品池实验纯水保留,在 S1、S2 样品池测试样品。

提示(5):可自己决定是否保存实验数据电子版,如果要保存,请在 D 盘新建文件夹,文件名称为“实验者姓名＋序号”。

提示(6):在测试页面直接点击二级菜单“打印”,即可打印出吸收光谱曲线。

4. 测定 4 种溶液吸光度

(1) 分别测定酸式甲基红溶液 a、碱式甲基红溶液 b、甲基红混合溶液 1、甲基红混合溶液 2 在 λ_a 和 λ_b 下的吸光度。

(2) 打印吸光度测定结果,测定结果要在同一张打印件上。

提示(1):测定吸光度,采用定波长测试模式,如图 3-4-2。

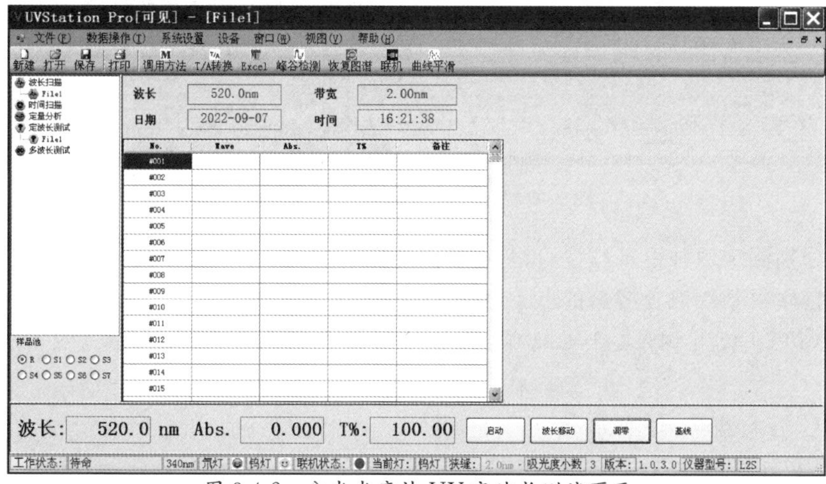

图 3-4-2 分光光度计 UV 定波长测试页面

提示(2)：定波长测试调零，分别在最大吸收峰所对应的波长 λ_a 和 λ_b 下进行，在 R、S1、S2、S3、S4 样品池分别用实验纯水调零，调零后 R 样品池实验纯水保留，在 S1、S2、S3、S4 样品池测试样品。

提示(3)：波长移动在 UV 软件上直接操作。

提示(4)：点击定波长测试页面中的“启动”，即可进行吸光度取值。

提示(5)：在测试页面的备注栏可做适当的标注。

5. 测定甲基红混合溶液的 pH 值

(1) 开启 pH 计，按面板上的“ON/OFF”键(图 3-4-3)，进入测试页面。

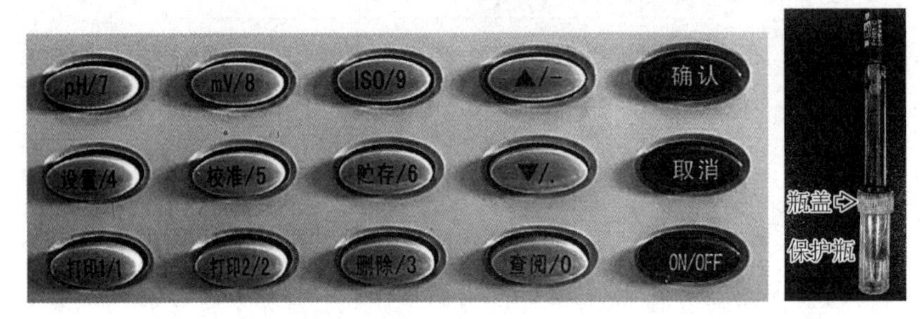

图 3-4-3　PHSJ-3F 型 pH 计面板及 pH 复合电极

(2) 用混合磷酸盐标准缓冲溶液标定 pH 复合电极。

(3) 在计算机桌面打开 pH 计数据采集软件(图 3-4-4)。

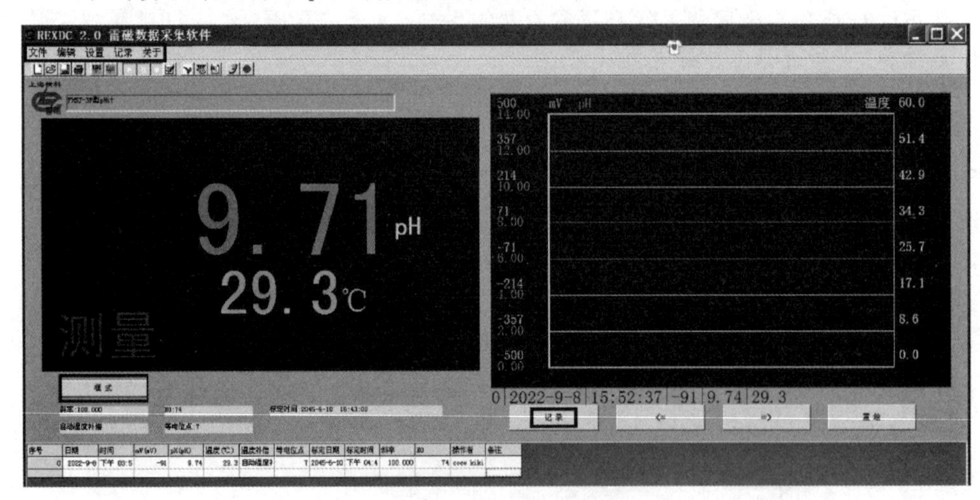

图 3-4-4　pH 计数据采集软件页面

(4) 分别测定两种甲基红混合溶液的 pH 值。

(5) 打印甲基红混合溶液的 pH 值测定结果，测定结果必须在同一张打印件上。

提示(1)：在使用 pH 复合电极前，要将电极保护瓶盖旋开，依次取下电极保护瓶和瓶盖。

提示(2)：室温由 pH 计读取。

提示(3)：pH 计采用自动温度补偿。

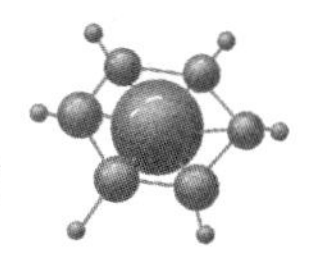

提示(4):溶液装在 50 mL 烧杯中进行电极标定和 pH 测量。

提示(5):按 pH 计面板上的“校准”键进入电极标定,当 pH 示值基本稳定后,按“确认”键完成标定,并按“pH”键返回测试页面。

提示(6):在计算机上的 pH 计数据采集软件页面中,点击一级菜单“设置”,在下拉菜单中点击“开始通讯”,点击示值下方的“模式”,使出现 pH 示值,pH 示值基本稳定后,点击“记录”取值。点击一级菜单“文件”,在下拉菜单中点击“打印”,即可打印实验数据。

提示(7):pH 复合电极使用完后,要用实验纯水清洗干净,并用滤纸吸干电极底部的水分,然后将电极保护瓶盖和电极保护瓶套回电极测量端。

五、实验数据记录与处理

1. 实验数据记录

实验数据都必须提供从相应仪器软件中打印的测试结果打印件。

(1) 酸式甲基红溶液 a 的吸收光谱曲线。

(2) 碱式甲基红溶液 b 的吸收光谱曲线。

(3) 酸式甲基红溶液 a、碱式甲基红溶液 b、甲基红混合溶液 1、甲基红混合溶液 2 在 λ_a 和 λ_b 下的吸光度,测定结果必须在同一张打印件上。

(4) 甲基红混合溶液 1、甲基红混合溶液 2 的 pH 值,测定结果必须在同一张打印件上。

2. 实验数据处理

数据处理要包含处理方法、必要的计算过程和计算结果。

(1) 根据酸式甲基红溶液 a、碱式甲基红溶液 b 在 λ_a 和 λ_b 下的吸光度,求得$k^a_{\lambda_a}$、$k^b_{\lambda_a}$、$k^a_{\lambda_b}$、$k^b_{\lambda_b}$,计算结果也可以保留甲基红浓度 c。

(2) 分别求出两种甲基红混合溶液的电离平衡常数 pK。

(3) 求出两种甲基红混合溶液的平均电离平衡常数 pK。

六、思考题

(1) 用分光光度法测定吸光度时,为什么要用实验纯水做空白校正?

(2) 配制待测定溶液时,所用的盐酸、乙酸钠、乙酸起什么作用?

附录 4-1 pH 计

PHSJ-3F 型实验室 pH 计由上海仪电分析仪器有限公司生产,是一台智能型的实验室常规分析测量器。它适用于医药、环保、高等院校和科研等单位测量水溶液 pH 值,也可用于测量各种离子选择电极的电极电位和溶液温度。该仪器的主要特点:① 仪器具有自动温度补偿、自动校准、自动计算电极的百分斜率等功能,对测量结果可以贮存、删除、查阅。② 在 0.0～60.0℃温度范围内,可选择 5 种 pH 缓冲溶液对仪器进行一点、二点或三点标定。通过调节等电位点,可以测量纯水、超纯水的 pH 值。③ 仪器带有 RS-232 接口,可与计算机通信。

PHSJ-3F 型实验室 pH 计的主要技术指标为：① 测量范围：0.00～14.00 pH，−1999～1999 mV，−5.0～135.0 ℃；② 分辨率：0.01 pH，1 mV，0.1 ℃；③ 电子单元基本误差：±0.01 pH，±1 mV，±0.3 ℃；④ 自动温度补偿范围：0.0～100.0 ℃。

该仪器在 0.0～60.0 ℃温度范围内，可进行一点或二点自动标定。用于校准仪器的有 5 种标准缓冲溶液：① 0.05 $mol \cdot kg^{-1}$ 四草酸钾：优级纯(GR)四草酸钾 12.61 g 溶于 1000 mL 重蒸馏水中；② 0.05 $mol \cdot kg^{-1}$ 邻苯二甲酸氢钾：优级纯邻苯二甲酸氢钾 10.21 g 溶于 1000 mL 重蒸馏水中；③ 0.025 $mol \cdot kg^{-1}$ 混合磷酸盐：优级纯磷酸二氢钾 3.4 g、优级纯磷酸氢二钠 3.55 g 溶于 1000 mL 重蒸馏水中；④ 0.01 $mol \cdot kg^{-1}$ 四硼酸钠：优级纯水合四硼酸钠 3.81 g 溶于 1000 mL 重蒸馏水中；⑤ 25.0 ℃饱和氢氧化钙：25.0 ℃下将大于2 $g \cdot L^{-1}$ 的过量氢氧化钙粉末加入盛有重蒸馏水的聚乙烯瓶中，剧烈振荡 30 min，取清液使用。5 种标准缓冲溶液 pH 值与温度关系如表 3-4-1。

表 3-4-1　标准缓冲溶液 pH 值与温度关系对照表

温度/℃	0.05 $mol \cdot kg^{-1}$ 四草酸钾	0.05 $mol \cdot kg^{-1}$ 邻苯二甲酸氢钾	0.025 $mol \cdot kg^{-1}$ 混合磷酸盐	0.01 $mol \cdot kg^{-1}$ 四硼酸钠	25.0 ℃ 饱和氢氧化钙
0	1.666	4.000	6.984	9.464	13.423
5	1.668	3.998	6.951	9.395	13.207
10	1.670	3.997	6.923	9.332	13.003
15	1.672	3.998	6.900	9.276	12.810
20	1.675	4.001	6.881	9.225	12.627
25	1.679	4.005	6.865	9.180	12.454
30	1.683	4.011	6.853	9.139	12.289
35	1.688	4.018	6.844	9.102	12.133
40	1.694	4.027	6.838	9.068	11.984
45	1.700	4.039	6.836	9.040	11.841
50	1.707	4.050	6.833	9.011	11.705
55	1.715	4.065	6.835	8.986	11.574
60	1.723	4.080	6.836	8.962	11.449

PHSJ-3F 型实验室 pH 计面板如图 3-4-3，大部分按键既有功能键又有数字键的作用，平时它们作为功能键，按这些键可以完成相应的功能；而第二功能即为数字键，当且仅当需要输入数据时，这些键作为数字键。仪器有 5 种工作状态，即设置参数、电极标定、等电位点选择、pH 测量、mV 测量，各工作状态可通过相应的键进行切换，在 pH 或 mV 测量状态下，有打印、储存、删除和查阅功能。

当仪器处于 pH 或 mV 测量状态时，按下“设置”键，仪器即进入“设置参数”状态，设置日期和时间、手动温度、测量方式、操作者编号、标定间隔时间等参数。通过“▲”或“▼”键移动光标指向所需设置的参数项，按“确定”键，则可对选中的参数项进行设置。如按“取消”键，仪器返回相应的工作状态。

一点标定是只采用一种 pH 标准缓冲溶液对电极系统进行标定，用于自动校准仪器的定位值。仪器把 pH 复合电极的百分斜率作为 100%，在测量精度要求不高的情况下，

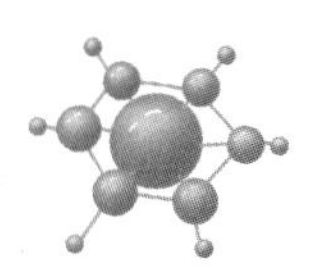

可采用此方法,简化操作。按“标定”键,仪器即进入“标定 1”工作状态,显示屏上的 pH 值读数趋于稳定后,按“确认”键,完成一点标定。二点标定是为了提高 pH 的测量精度,选用两种 pH 标准缓冲溶液对电极系统进行标定,测得 pH 复合电极的实际百分斜率和定位值。在完成一点标定后,再按“标定”键,仪器即进入“标定 2”工作状态,显示屏上的 pH 值读数趋于稳定后,按下“确认”键,完成二点标定。

在仪器处于 pH 或 mV 测量工作状态下,按下“ISO”键,仪器即进入“等电位点”选择工作状态。仪器设有 3 个等电位点,即等电位点 7.00 pH、12.00 pH、17.00 pH。通过“▲”或“▼”键选用所需的等电位点,再按“确认”键进行确认,确认完毕按“取消”键,则仪器进入相应的工作状态。

按下“ON/OFF”键,仪器自动进入 pH 测量工作状态。当仪器处于 pH 测量工作状态时,按“mV”键,仪器即进入 mV 测量工作状态。当仪器处于 pH 或 mV 测量工作状态时,仪器接入温度传感器,仪器显示测得溶液的温度值。仪器不接入温度传感器时,仪器显示设置的手动温度值。

PHSJ-3F 型实验室 pH 计可配备 REXDC2.0 雷磁数据采集软件,REXDC2.0 雷磁数据采集软件由上海仪电分析仪器有限公司生产,操作系统为 Windows 95 或以上。雷磁数据采集软件是针对雷磁智能电化学系列仪器编写的数据采集管理软件,可通过连接仪器和计算机的 RS-232 接口,实现对仪器测试数据的自动采集和管理。该软件采用 Microsoft Visual Basic 6.0 进行编制,具有 Windows 风格的操作界面,能对仪器的测试数据进行自动采集,并具有数据库存储、电子表格、曲线图、输出等数据管理功能。电子表格打印是借助 Word 的表格功能实现的,所以只有在计算机安装了 Word 的情况下才能用本软件进行电子表格打印。本软件的“表格到 Word”和“表格到 Excel”功能必须在计算机安装了相应的 Office 软件条件下才能实现。

E-201-C 型 pH 复合电极由上海仪电分析仪器有限公司生产,可用于 PHSJ-3F 型实验室 pH 计。pH 复合电极结构如图 2-6-6。

(1) 电极使用:① 如图 3-4-3,将电极保护瓶盖旋开,依次取下电极保护瓶和瓶盖;② 电极球泡测量端向下,捏住电极帽部分空甩数次,使球泡内充满溶液并没有气泡;③ 将电极加液口保持开启状态并将电极插头与 pH 计连接,在标准缓冲溶液中进行校正;④ 开始测量样品 pH 值。

(2) 电极保存:① 使用完毕的电极用去离子水冲洗干净,关闭加液孔,然后将电极保护瓶套在电极测量端;② 电极保护瓶内留约 18 mm 高度的 3.0 mol · L^{-1} KCl 溶液,将电极插入电极保护瓶使电极测量端完全浸没于 KCl 溶液中,然后将电极保护瓶盖与电极保护瓶相互旋紧。

(3) 注意事项:① 电极浸于标准缓冲溶液或被测溶液时,晃动电极数次,使溶液与球泡接触均匀;② 为了获得准确的测量结果,在电极校正以及样品测量时,将仪器的温度补偿装置调节至溶液实际温度值;③ 外参比溶液的液面距离加液孔不得超过 45 mm,同时外参比溶液的液面不得低于被测液面;④ 勿将电极长时间浸泡于被测溶液中,电极使用完毕后,要认真对电极进行清洗;⑤ 接触样品的材料有聚碳酸酯(PC)、玻璃、硅橡胶,测量样品前要确认样品溶液对以上材料没有伤害。

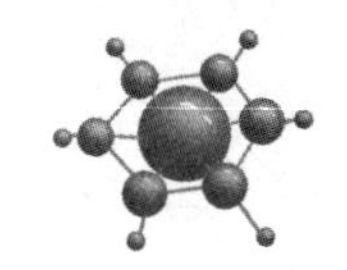

实验五　液体饱和蒸气压的测定

一、实验目的

(1) 明确气液两相平衡的概念和液体饱和蒸气压的定义，并了解克劳修斯-克拉珀龙方程的应用。

(2) 测定不同温度下苯的饱和蒸气压，并求其平均摩尔蒸发焓及正常沸点。

(3) 掌握恒温装置的基本原理和操作，熟悉磁力搅拌器的使用方法。

二、实验原理

在一定温度下，液体与其自身的蒸气平衡时的蒸气压，称为该液体的饱和蒸气压。在任一温度下，蒸发 1 mol 液体产生的焓变，即为该温度下液体的摩尔蒸发焓。摩尔蒸发焓随温度的变化不大，在较小温度范围内可视为不变。本实验是假定摩尔蒸发焓在测定的温度范围内不变，因此，求得的摩尔蒸发焓是所测温度范围内的平均摩尔蒸发焓。正常沸点 T_b 是指在大气压 101.325 kPa 下液体的沸点。

饱和蒸气压的测定是关于气液两相平衡的实验，对于任何纯物质的两相平衡系统，系统的温度 T 与压力 p 的关系符合克拉珀龙(Clapeyron)方程

$$\frac{\mathrm{d}p}{\mathrm{d}T}=\frac{\Delta H}{T\Delta V}$$

对于气液两相平衡，1 mol 物质发生了相的变化，则

$$\frac{\mathrm{d}p}{\mathrm{d}T}=\frac{\Delta_{\mathrm{vap}}H_{\mathrm{m}}}{T\Delta_{\mathrm{vap}}V_{\mathrm{m}}}$$

因为气体的体积比液体的大得多，在系统体积改变上液体的体积可以忽略不计，若再假定蒸气是理想气体，克拉珀龙方程可以进一步简化

$$\frac{\mathrm{d}p}{\mathrm{d}T}=\frac{\Delta_{\mathrm{vap}}H}{TV(\mathrm{g})}=\frac{\Delta_{\mathrm{vap}}H}{T\cdot\dfrac{nRT}{p}}$$

$$\frac{\mathrm{d}\ln p}{\mathrm{d}T}=\frac{\Delta_{\mathrm{vap}}H_{\mathrm{m}}}{RT^2} \tag{3-5-1}$$

式(3-5-1)称为克劳修斯-克拉珀龙方程(Clausius-Clapeyron equation)。$\Delta_{\mathrm{vap}}H_{\mathrm{m}}$ 是该液体的摩尔蒸发焓，把 $\Delta_{\mathrm{vap}}H_{\mathrm{m}}$ 作为常数，式(3-5-1)积分得

$$\ln p=-\frac{\Delta_{\mathrm{vap}}H_{\mathrm{m}}}{R}\cdot\frac{1}{T}+C \tag{3-5-2}$$

式中，C 为积分常数，p 的单位是 Pa，R 为 8.314 J·mol^{-1}·K^{-1}。实验中测得不同温度 T 下的饱和蒸汽压 p，作 $\ln p$-$\frac{1}{T}$ 直线图，即可得斜率 $-\frac{\Delta_{\mathrm{vap}}H_{\mathrm{m}}}{R}$，求出 $\Delta_{\mathrm{vap}}H_{\mathrm{m}}$ 值。取直线上任一点相应的 $\ln p$、$\frac{1}{T}$，将直线斜率 $-\frac{\Delta_{\mathrm{vap}}H_{\mathrm{m}}}{R}$ 代入式(3-5-2)，求得相应的积分常数 C。把

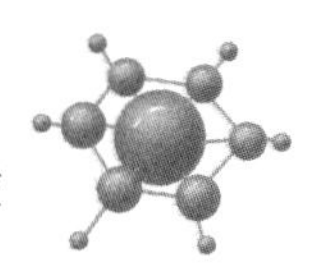

101.325 kPa、$-\frac{\Delta_{vap}H_m}{R}$及$C$代入式(3-5-2),即可求得正常沸点$T_b$,这里假设$T_b$下的$\Delta_{vap}H_m$与所测温度范围内的$\Delta_{vap}H_m$相同。

三、仪器和试剂

2XZ-2 型旋片式真空泵,1 台;HLP-03A 型低真空计,1 台;磁力加热搅拌器,1 台;温度计,分度值 0.1 ℃,1 支;接触温度计,1 支;秒表,1 个;二通真空活塞,2 个;三通真空活塞,2 个;过滤瓶,500 mL,1 个;小口试剂瓶,5000 mL,1 个;烧杯,1000 mL,1 个;T 形连接管,1 个;滴管,1 支。

苯。

四、实验步骤

(1) 检查平衡管(图 3-5-1)中苯的量,平衡管浸于恒温水浴中,由相连的 A 储液球和 B 管、C 管组成,其中 B 管和 C 管相连形成 U 形管。A 球中装有苯,U 形管中也装有苯,在 A 球与 B 管之间存在一段被苯液封的气体。当 A 球、B 管之间为纯粹的苯蒸气,B 管和 C 管中的液面在同一水平时,则表示 B 管液面上的蒸气压与加在 C 管液面上的外压相等。U 形管中苯的量较多较好,但一般不超过 U 形管一半长度。A 球中苯的液面须高于 1/2 处,低于 3/4 处,在 2/3 处最适宜。如果 U 形管中的苯较少或者 A 球中苯的液面高度不在范围内,要请老师处理。接着,打开平衡管的冷凝水,流量适当即可。

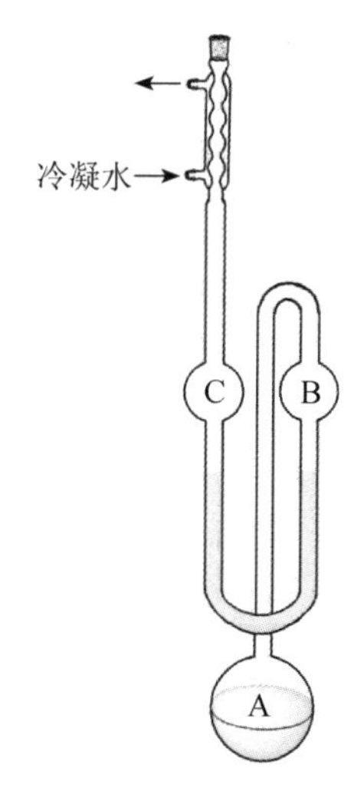

图 3-5-1 平衡管

(2) 液体饱和蒸气压测定实验装置如图 3-5-2 所示,操作活塞 1,使实验装置与真空泵相通,真空泵是两组共用,由三通活塞控制连接。接着,注意活塞 2 是否通大气。在有真空泵抽气的实验装置中都必须设一安全瓶,在开启真空泵前,必须先打开安全瓶上通大气的活塞,打开真空泵后活塞再关闭,这是为了避免体系的气压降得过快。在关闭真空泵前,也必须先打开安全瓶上的活塞使之通大气,这是为了升高体系压力,避免真空泵中的真空油抽入体系中。然后，关闭活塞 4 使大气与缓冲瓶不相通；关闭活塞 3 使抽气管道与缓冲瓶不相通，并使活塞 4 所在的管道与缓冲瓶相通。活塞 3 是三通真空活塞，如图 3-5-3，A、B、C 为三个管道，中间黑色部分为活塞，活塞上有 T 形管道：① T 形管道与三个管道连接，A、B、C 相通；② T 形管道只与 B、C 连接，T 形管道第三个口顶在玻璃壁上不通气，B、C 相通；③ T 形管道只与 A、B 连接，A、B 相通；④ T 形管道与三个管道都不连接，A、B、C 都不相通。

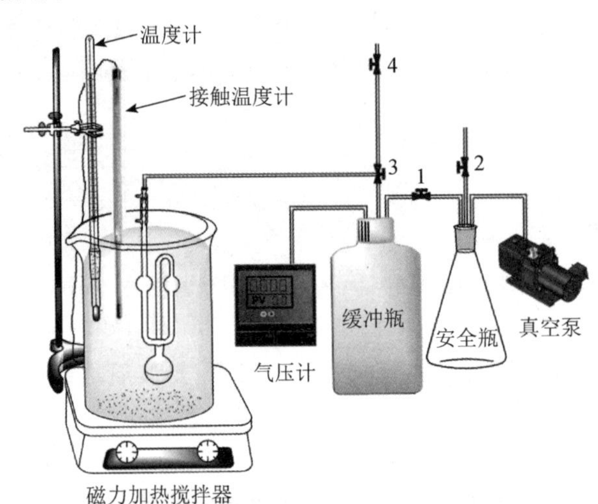

图 3-5-2　液体饱和蒸气压测定实验装置

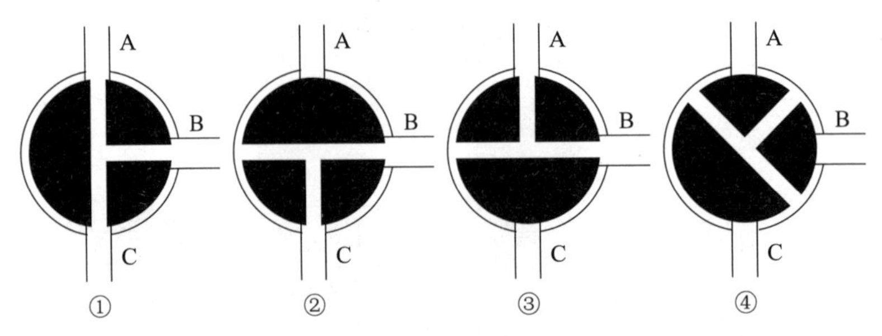

图 3-5-3　真空三通活塞示意

(3) 开启低真空计，HLP-03A 型低真空计面板如图 2-4-5 所示，真空计显示体系的气压，气压单位为 kPa。开启真空泵(图 3-5-4)，关闭活塞 2，看着平衡管的 U 形管液面的同时，往体系与抽气管道接通方向慢慢转动活塞 3，使抽气管道与缓冲瓶相通，转动至 B 管中苯的液面慢慢下降即停止操作活塞。U 形管开始冒气泡后观察冒气泡的速度，稍微调节活塞使 U 形管整段苯中只有一个气泡在运动。这样抽气至 60 kPa左右，关闭活塞 3，打开活塞 2，然后马上关闭真空泵。打开秒表，1 min 后记下低真空计读数；再过 5 min，观测真空计读数，看与前面读数比较是否升高值超过 100 Pa，如果没有，即表明真空体系密闭性符合实验要求。如果 5 min 升高值超过 100 Pa，请老师检查处理。

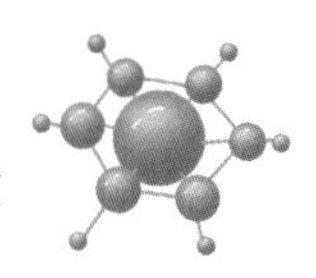

图 3-5-4 2XZ-2 型旋片式真空泵

(4) 起始恒温温度由室温决定,可从 25 ℃、30 ℃、35 ℃选一接近的温度为起始恒温温度。如图 2-3-1,电接触温度计上有一胶木帽,胶木帽上有一固定螺丝,旋松螺丝,旋转胶木帽,使螺杆上的小铁片上表面对准所要恒温的温度,旋紧胶木帽上的螺丝,因为加热盘余热可使水浴再升高 1~2 ℃,所以接触温度计先调节在低于所要恒温温度的 1~2 ℃位置。开启磁力加热搅拌器(图 3-5-5),打开磁力加热搅拌器"搅拌"开关,调节调速开关,使搅拌子以适当的速度转动,注意"加热"调节旋钮是否在中间位置。当到达恒温温度时,指示灯灭,加热器停止加热。观察温度计,待余热使水浴升高到最高温度时,往上调节接触温度计使指示灯亮,接着又缓慢往下调节使指示灯灭,指示灯灭后就马上停止调节,旋紧螺丝固定住胶木帽。

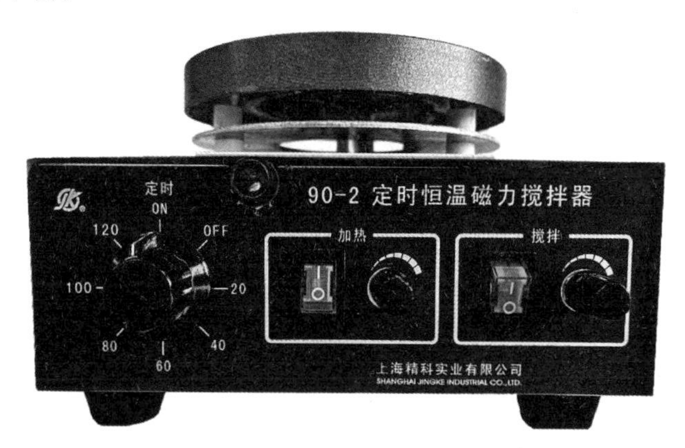

图 3-5-5 磁力加热搅拌器

(5) 要测定某个温度下苯的饱和蒸气压,就必须把 A 球与 B 管间的空气抽掉。理论上液体饱和蒸气压测定时,抽气要尽可能抽低气压,本实验具体规定各个温度下抽气减压的最高值,25 ℃下不得高于 11 kPa,30 ℃下不得高于 14 kPa,35 ℃下不得高于 18 kPa。如上所述进行抽气操作,抽气速度可通过观察 U 形管中冒气泡的情况判断:① U 形管整段苯中只有一个气泡在运动;② 苯中有两三个气泡同时存在,但气泡间隔较远;③ 苯中有多个气泡同时存在,气泡间隔较近;④ 苯中有多个气泡,气泡间隔很近,并且有的气泡

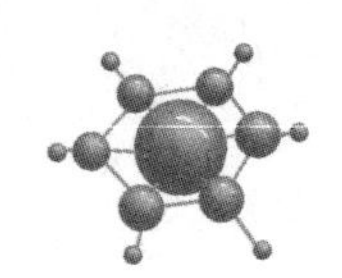

相连；⑤ 苯中的所有气泡相连，也就是内外气体已相通。在气压较高时，一般采用第①种速度；在气压较低、接近苯的饱和蒸气压后，可保持第②种和第③种速度；第④种速度一般是不允许的；第⑤种速度是绝对不允许的。在较接近此温度的饱和蒸气压时，气泡冒出速度逐渐加快，根据气泡冒出速度，不断微调活塞 3 使抽气速度变慢。当气压低于规定值时，停止抽气，先关闭活塞 3，再打开活塞 2，然后马上关闭真空泵。

(6) 如果停止抽气后，气泡冒出的速度较快，那么必须微调活塞 4 通大气，使空气缓慢进入缓冲瓶，以降低气泡冒出的速度，放空气进入时要看着 U 形管，发现 C 管液面下降后，就必须马上关闭活塞 4。在抽低气压并且气泡不断冒出时，A 球与 B 管之间的气体不断换新，可认为 A 球的苯、A 球与 B 管之间、U 形管的苯三部分的空气已绝大部分被抽出，为了把空气排除干净，可采取如下办法。第一次抽气完成后，任其自然，在这期间如果气泡冒出速度过快，可如上所述放入些空气。等 30 min 后，抽气使气压低于各恒温温度的规定值，抽气依照上述方法，并且要注意，抽气时关闭活塞 2 后要等 1 min 再打开活塞 3。因为此时体系气压较低，如果马上打开活塞 3，有可能外部的空气反而进入体系。在低压下接通抽气都应注意这个问题。第二次抽气完成后，任其自然，如果气泡冒出速度过快，可如上所述放入些空气，等 30 min 后，抽气使气压低于各恒温温度的规定值。

(7) 第三次抽气完成后，微调活塞 4 放入些空气至缓冲瓶，使 U 形管两液面处于同一水平，记录下气压示值和恒温水浴温度。往上调节接触温度计 1～2 ℃，在升温过程中，气泡冒出速度将不断加快，如果气泡冒出速度过快，调节活塞 4 放入些空气。停止加热后，观察温度计，待余热使水浴升到最高温度时，往上调节接触温度计使磁力加热搅拌器指示灯亮；接着又缓慢往下调节使指示灯灭，指示灯灭后马上停止调节，旋紧螺丝固定住胶木帽。接着再恒温 5 min，然后如上所述测定气压示值和恒温水浴温度。继续调高温度，共测 5～8 个温度点，直至 50 ℃左右停止测定。

五、实验数据记录与处理

1. 实验数据记录

把所测得的苯在各温度 T 下的饱和蒸气压 p 列于表 3-5-1 中。

表 3-5-1 各温度下的饱和蒸气压

T/℃								
p/kPa								

2. 实验数据处理

(1) 计算 $\ln p$ 与 $1/T$，p 的单位为 Pa，$\ln p$ 取至小数点后第 3 位，$1/T$ 取 4 位有效数字。如表 3-5-2。

表 3-5-2 数据处理

$\ln p$/Pa								
$1/T$/K^{-1}								

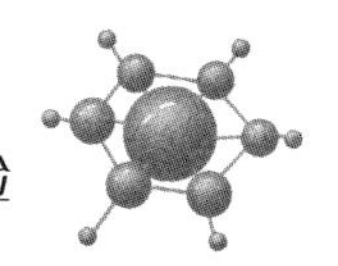

(2) 作 $\ln p$-$1/T$ 直线图，任取两点的坐标求得直线斜率 k。根据式(3-5-2)，

$$k=-\frac{\Delta_{vap}H_m}{R}$$

即可求得苯的摩尔蒸发焓。

(3) 取直线上任一点相应的 $\ln p$、$1/T$，以及直线斜率 k，代入式(3-5-2)，即可求得积分常数 C。

(4) 把 C、k、1.01325×10^5 Pa 代入式(3-5-2)，即可求得苯的正常沸点 T_b。

六、思考题

(1) 说明饱和蒸气压、正常沸点、沸点的含义。

(2) 克劳修斯-克拉珀龙方程在什么条件下才能应用？

(3) 本实验是否可以用于测溶液的蒸气压？为什么？

(4) 为什么要在平衡管上连接一个冷凝水管？它起什么作用？

(5) 在装置中安全瓶和缓冲瓶各有什么作用？

(6) 停止抽气前为什么要使真空泵与大气相通？

(7) 升温过程中，如果平衡管中气泡冒出较快，应怎样处理？

附录 5-1　旋片式真空泵

2XZ-2 型旋片式真空泵系双级高速直联式真空泵，是用来对密封容器抽除气体而获得真空的基本设备。它可单独使用，也可作为各类真空系统的前级泵和预抽泵。该真空泵具有停泵不返油、启动容易等优点。泵上装有气镇阀，可抽除可凝性蒸气。该真空泵不能抽除腐蚀性的、爆炸性的、有毒的、含氧过高的、含有颗粒尘埃的气体，也不能作为压缩泵、输气泵使用。

2XZ-2 型旋片式真空泵的主要技术指标为：① 抽气速率 2 $L\cdot s^{-1}$；② 极限真空 6×10^{-2} Pa；③ 转速 1400 $r\cdot min^{-1}$；④ 工作电压 220 V 或 380 V；⑤ 电机功率0.37 kW；⑥ 进气口直径 19 mm；⑦ 用油量 0.65 L；⑧ 泵油温升不大于 45 ℃；⑨ 工作环境温度 5～40 ℃，相对湿度不大于 85%。

2XZ-2 型旋片式真空泵结构如图 3-5-6 所示，装有偏离定子腔中心的转子，转子上有两旋片，转子带动旋片旋转时，旋片借离心力和旋片弹簧弹力紧贴缸壁，把进气口和排气口分隔开来，并使进气腔容积周期性地扩大而吸气，排气腔容积周期性地缩小而压缩气体，借压缩气体压力和油推开排气阀排气，从而获得真空。该真空泵由两个工作室前后串联同向等速旋转，被抽气体由前级泵腔抽入，经过压缩被排入后级泵腔，再经过压缩，穿过油封排气阀片排出泵体。该泵的气镇阀的作用是向排气腔充入一定量空气，以降低排气压力中的可凝性蒸气分压，当其低于泵温下的饱和蒸气压时，即可随充入空气排出泵外，而避免凝结在泵油中，但气镇阀打开时，极限真空将有所下降，泵油温升也有提高。

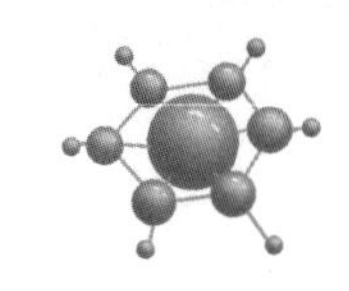

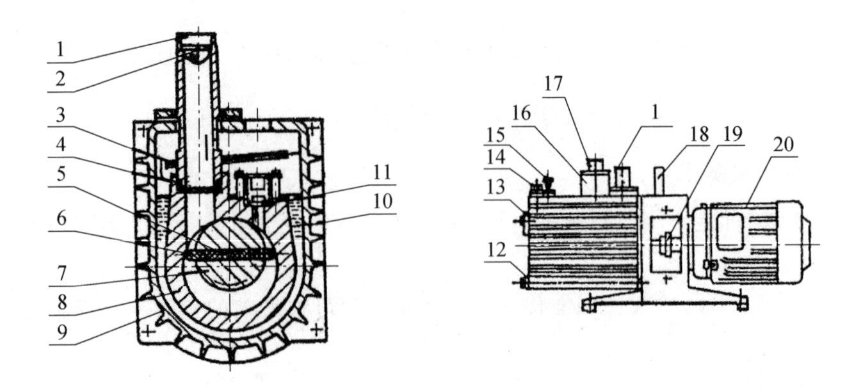

1—进气口；2—滤网；3—挡油板；4—密封圈；5—旋片弹簧；6—旋片；7—转子；8—定子；9—油箱；10—真空泵油；11—排气阀片；12—放油螺塞；13—油标；14—加油螺塞；15—气镇阀；16—减雾器；17—排气口；18—手柄；19—联轴器；20—护盖

图 3-5-6　2XZ-2 型旋片式真空泵结构

2XZ-2 型旋片式真空泵使用注意事项：① 与泵连接管道不宜过长，不能小于泵口进气直径，否则会影响抽速。当进气口气压小于 1.3 kPa 时，泵可以长期连续运转。② 装接电线时，应注意电机铭牌上规定的接线要求，三相电机要注意电机旋转方向应与泵支架上的箭头方向一致。③ 如相对湿度较高，或被抽气体含较多可凝性蒸气，可打开气镇阀，可凝性气体基本被抽出后关闭气镇阀。气镇阀还能净化泵油，如果泵油被少量凝结液污染，只要将泵进气口堵住，然后打开气镇阀，经一定时间抽气，泵油便能恢复原来的性能。④ 泵油选用 1 号真空泵油，泵内油位应在油标可见部位，真空泵油不可混入机油使用。⑤ 泵抽气口连续敞通大气运转，不得超过 3 min。⑥ 泵可在通大气或任何真空度下一次启动，敞通大气启动时，有少量的油雾排出，如恐影响工作环境，可用胶管等引离。

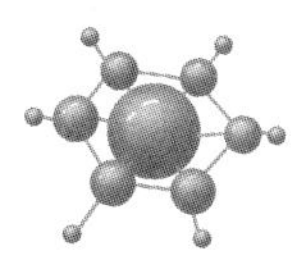

实验六　二元低共熔金属相图的绘制

一、实验目的

(1) 了解相、相平衡、步冷曲线、共熔物等基本概念。

(2) 掌握金属相图测量装置使用方法。

(3) 熟悉金属相图的绘制方法，并掌握金属相图各区、各点的含义。

二、实验原理

相是指系统中宏观上化学组成、物理性质和化学性质完全均匀的部分。通常任何气体均能无限混合，所以系统内不论有多少种气体都只有一个气相；液体则由其互溶程度而决定；对于固体，一般是有一种固体便有一个相。相平衡是指多相系统中各组分在各相中的量不随时间而改变，相平衡的条件是系统中各个组分在各相中的化学势分别相等。化学势是温度、压力和组成的函数，因此，这些因素决定着相平衡的情况。研究多相系统的状态如何随温度、压力、组成等变量的改变而发生变化，并用图形来表示系统状态的变化，这种图就叫相图。相图能反映出多相平衡系统在不同自变量条件下的相平衡情况，可用于研究多相系统的性质，以及多相系统相平衡情况的演变。不管在理论上，还是指导生产上，相图都有重要的意义。

热分析法是绘制相图常用的基本方法之一，其基本原理是：当将系统缓慢而均匀地冷却(或加热)时，如果系统内不发生相的变化，则温度将随时间均匀地(或线性地)慢慢改变；当系统内有相的变化发生时，由于相变时伴随吸热或放热现象，所以温度-时间图上就会出现转折点或水平线段，前者表示温度随时间的变化率发生了变化，后者表示在水平线段内，温度不随时间变化。

本实验采用热分析法测绘 Pb-Sn 系统的金属相图。先配制一系列不同组成的 Pb-Sn 混合物，分别将其加热熔融成均匀液相，然后让体系缓慢冷却，用热电偶测温，热电偶与金属相图测量装置相连，在金属相图测量装置上可自动画出温度-时间曲线，也就是步冷曲线。根据各样品的步冷曲线上的转折点和水平线段，就可绘制 Pb-Sn 金属相图。

以同样是二元低共熔的 Bi-Cd 系统为例说明如何根据步冷曲线绘制相图。如图 3-6-1，相图 $ACEFH$ 曲线以上为均匀互溶的液相；至 $ACEFH$ 曲线，开始有固相 Cd 或 Bi 析出；至 $BDEGM$ 线后液相全部转变为固相；$BDEGM$ 线以下为固相区。在步冷曲线中，纯 Bi、纯 Cd 、40%Cd 都是只有水平线段，说明它们由液相转变为固相时温度不变。40%Cd+60%Bi 是一低共熔物。所谓低共熔物是一定组成的两种金属的均匀互溶液相转变为固相时两种金属同时析出，且形成较特殊的致密结构，两种金属总是呈片状或粒状均匀地交错在一起。它的熔点比两种金属都低，所以称为低共熔物，该熔点称为低共熔点。其他混合物的步冷曲线均有转折点，在转折点处开始有 Bi 或 Cd 析出，直至低共熔点，所余下的低共熔物同时析出。把步冷曲线中固体开始析出与全部凝固的温度绘在坐标图上，然后把开始有固态析出的点（A、C、E、F、H）和结晶终了（完全凝固）的点（B、D、E、G、M）分别连接起来，便得到 Bi-Cd 相图。纯 Bi、纯 Cd 结晶终了的点取低共熔点值。

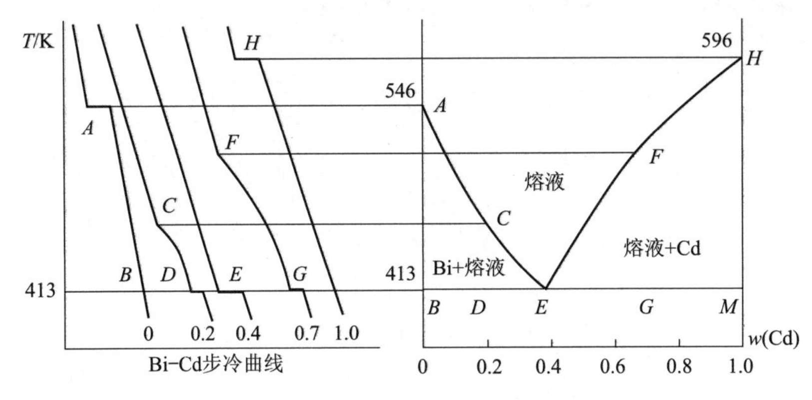

图 3-6-1　Bi-Cd 系统相图绘制示意图

Pb-Sn 相图的作法与 Bi-Cd 系统类似，实验在金属相图测量装置上直接得到步冷曲线，从步冷曲线上可读出转折点及水平线的温度，但要注意可能产生过冷曲线。如果过冷部分出现在水平线段前，则以水平线的温度为准；如果过冷部分出现在转折点前，则作转折线的延长线，所交的点即为转折点。

三、仪器和试剂

JX-3DA 金属相图测量装置，1 台；金属相图（步冷曲线）实验加热装置 10A 型，1 台；计算机，1 台；打印机，1 台。

含 Sn 0%、20%、30%、40%、61.9%、80%、90%、100%的 Pb-Sn 样品管，各 1 根。

四、实验步骤

(1) 开启计算机，在计算机桌面上打开“金属相图四通道连线”软件，点击“参数设置”，设置 60 为时间长度，设置 550 为温度最大值，设置 0 为温度最小值。

(2) 金属相图实验加热装置(图 3-6-2)上的“加热选择”，“0”是不加热，“1”是 1、2、3、4 号炉加热，“2”是 5、6、7、8 号炉加热，“3”是 9、10 号炉加热，热电偶插入炉号一定要与“加热选择”相对应，否则无法控温，会产生危险的高温。先注意 8 根样品管是否置于 1～8 号炉，然后把“加热选择”置于“1”，4 根热电偶插入 1、2、3、4 号炉的样品管中，要插至最底部。

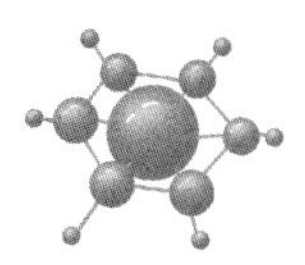

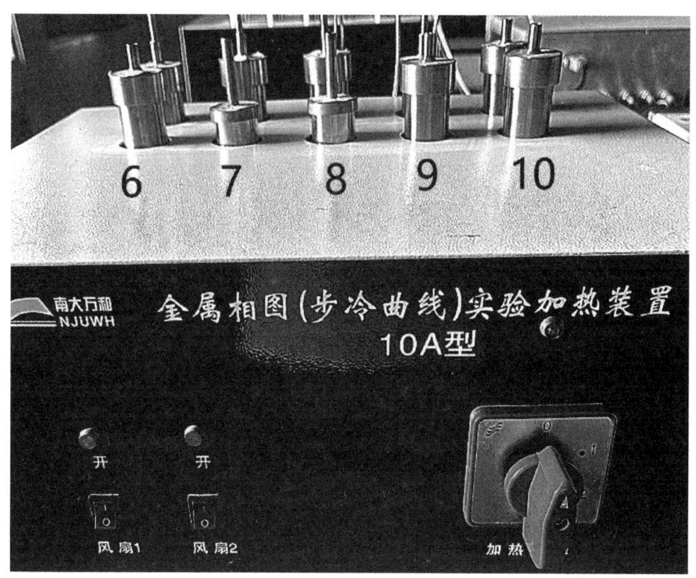

图 3-6-2　金属相图实验加热装置

(3) 开启金属相图测量装置(面板示意如图 3-6-3 所示)，待仪器对温度显示自动校零后，按“设置”按钮，加热速度显示窗显示“oXXXX”，设置 450 为加热最高温度，在“设置”状态下，按一次“保温”按钮数值加 1，按一次“停止”按钮数值减 1，按一次“加热”按钮数值×10。设置加热最高温度后，再次按“设置”按钮，加热速度显示窗显示“bXXXX”，设置保温功率 10。设置保温功率后，再按“设置”按钮，加热速度显示窗显示“cXXXX”，设置 30 为加热速度，加热速度不许超过 30。再按“设置”按钮，“状态”指示灯熄灭。设置完成后，先检查热电偶插入炉号是否与“加热选择”相对应，然后按“加热”按钮，加热装置开始加热，加热指示灯处于闪烁状态。金属相图测量装置的温度显示窗口显示指示灯的炉号温度，按“温度切换”按钮，可显示其他炉号温度。

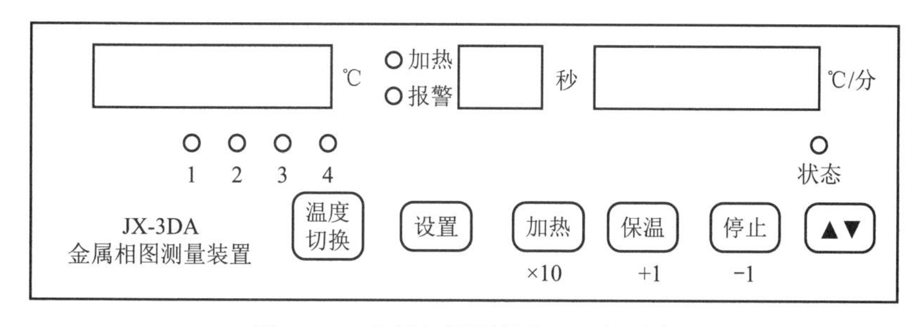

图 3-6-3　金属相图测量装置面板示意

(4) 金属相图测绘软件页面如图 3-6-4，点击“打开串口”，就显示热电偶所测温度，然后再点击“开始实验”，弹出保存框“选择实验结果要保存的文件夹”，文件名为“实验者姓名＋实验序号”，然后点击“保存”，在“金属相图测绘”系统上就开始作温度曲线，通道 1 红色线，通道 2 绿色线，通道 3 蓝色线，通道 4 紫色线，保存的文件共 4 个，1 个通道 1 个文件。

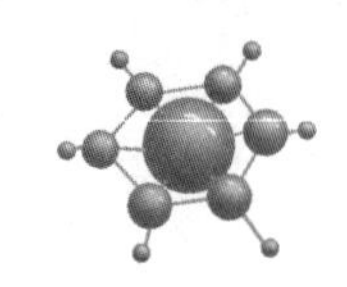

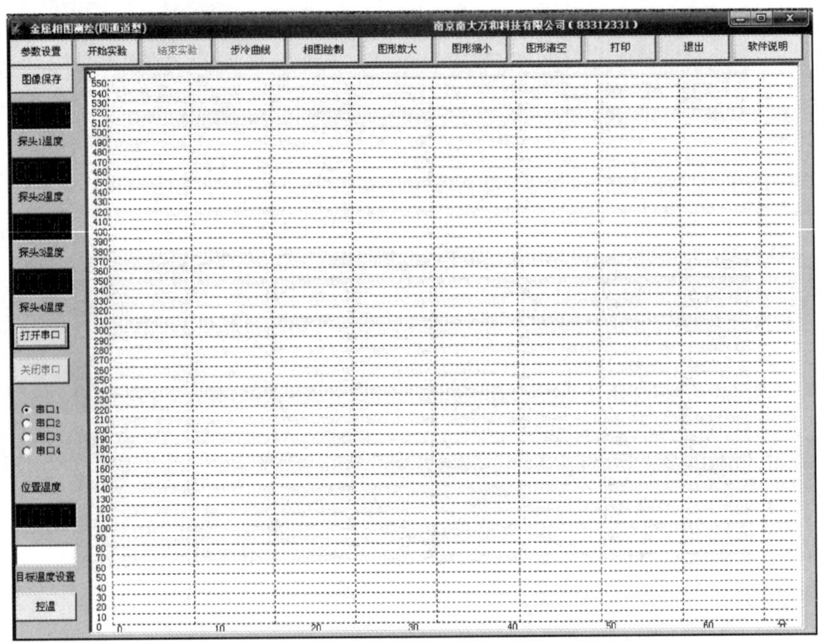

图 3-6-4　金属相图测绘软件页面

(5) 当温度达到设置的最高温度时，加热装置会自动停止加热。但如果 4 个通道的温度都已高于 400 ℃，就不必等自动停止加热，可按“停止”按钮停止加热。打开“风扇 1”和“风扇 2”的开关，观察金属相图测绘系统所作出的降温曲线，纯 Pb、纯 Sn、含 Sn 61.9％在作完水平线段后又继续降温，表明样品已凝固；含 Sn 20％、30％、40％、80％、90％等 5 个样品，出现转折点，并在作完水平线段后又继续降温，表明样品已完全凝固，如果所测的 4 个样品都已凝固，即可停止测量。在金属相图测绘软件页面上，点击“打印”，就可打印温度-时间曲线图，然后点击“结束实验”。

(6) 一手按在样品管上，一手分别拔出 4 根热电偶并插入炉号 5、6、7、8 的样品管中，金属相图实验加热装置上的“加热选择”置于“2”，在金属相图测量装置上按“加热”按钮，样品就开始加热，接着如上测定样品的温度曲线，并打印温度-时间曲线图。温度-时间曲线测定完成后，在金属相图测绘软件页面上，点击“退出”，弹出“你要退出本程序吗?”小窗口，点击“确定”。

(7) 本实验要防止烫伤。① 8 根样品管置于 1～8 号炉中，不许自行改变位置，实验中如有特殊情况需要改变位置，必须请老师亲自操作。② 实验过程中样品管温度较高，严禁把样品管由炉中取出。样品管加热融化后温度达到 400 ℃以上，即使温度-时间曲线刚测定完时样品管温度也高于 150 ℃。③ 严禁自行更换样品管中的样品。④ 热电偶插入炉号一定要与“加热选择”相对应，否则无法控温，会产生危险的高温。“加热选择”的“1”对应 1、2、3、4 号炉，“加热选择”的“2”对应 5、6、7、8 号炉。

五、实验数据记录与处理

1. 实验数据记录

记录步冷曲线中不同组成混合物的转折点和水平线的温度值，记录于表 3-6-1 中，其

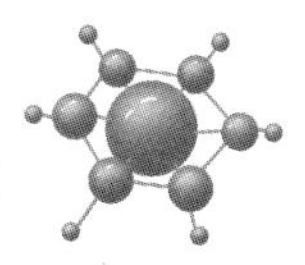

中 Sn 为 0%、61.9%、100%时只有水平线。

表 3-6-1 步冷曲线各点温度值

Sn 质量分数	0%	20%	30%	40%	61.9%	80%	90%	100%
转折点/℃								
水平线/℃								

2. 实验数据处理

如实验原理中所述作出 Pb-Sn 相图，温度以绝对温标表示。

六、思考题

(1) 为什么能用步冷曲线来确定相平衡线？

(2) 为什么步冷曲线有时会出现转折点，有时会出现水平线段？请用相律加以解释。

(3) 为什么试样在加热时温度不可过高或过低？

(4) 如果样品管绝热足够良好，能否作出良好的步冷曲线？如果样品管保温较差，情况又如何？

附录 6-1 金属相图测量装置

JX-3DA 金属相图测量装置由南京南大万和科技有限公司生产，配有专用的 10A 型金属相图实验加热装置、JX-3DA 型绘图软件，主要完成金属相图实验数据的采集，以及步冷曲线和相图曲线的绘制等任务，每次实验可同时加热及测绘 4 个样品。金属相图实验加热装置用于对被测金属样品进行加热，绘图软件用于对采集到的数据进行分析、处理并绘制曲线，金属相图测量装置连接加热装置和计算机，用于控制加热、采集传送实验数据。

JX-3DA 金属相图测量装置面板如图 3-6-3，各按钮功能如下：①“温度切换”按钮，在各个温度探头之间切换，并使温度显示窗口显示当前对应的探头温度；②“设置”按钮，使金属相图测量装置进入设置状态；③“加热”按钮，使加热器以加热功率开始加热，在设置状态下将调整的数值以 10 倍计算；④“保温”按钮，使加热器以保温功率开始加热，在设置状态下将调整的数值以“+1”计算；⑤“停止”按钮，使加热器停止工作，在设置状态下将调整的数值以“-1”计算；⑥“▲▼”按钮，控制时钟的开启与关闭，在设置状态下调整时间的计时时间，可在 0～99 范围内循环。

JX-3DA 金属相图测量装置设置参数如下：① 按“设置”按钮，加热速度显示器显示“o”，设置目标温度，当温度达到目标温度时，加热器将停止加热；② 再按“设置”按钮，加热速度显示器显示“b”，设置保温功率，根据环境温度等因素改变保温功率，可控制降温速度，以便更好地显现拐点和平台；③ 再按“设置”按钮，加热速度显示器显示“c”，设置加热功率，改变加热功率，可控制升温速度和停止加热后温度上冲的幅度。设置完成后，炉体的挡位拨至相应炉号，按下“加热”按钮开始加热。金属相图加热装置的风扇可根据情

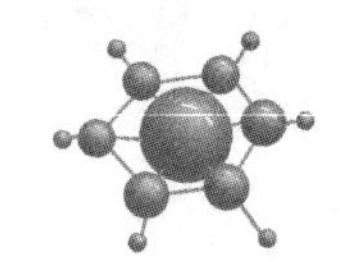

况开启或关闭，以改变升温速度和降温速度。

JX-3DA 型绘图软件由南京南大万和科技有限公司生产，启动采集系统后开始采集数据，测绘软件页面如图 3-6-4 所示。① 按“打开串口”按钮，根据计算机和仪器连接所用的串口，选择串口 1 或 2 或 3 或 4，当所选无效时，系统将给出提示“所选串口无效或不存在，请选择其他串口”，如果选择正确，将会在软件页面左上方的框内显示相应炉号的温度值。② 在实验前，初步估计实验所需时间、实验能达到的最高温度，按“参数设置”按钮，设置图形框内所显示的时间长度、温度最大值、温度最小值，时间长度单位为分钟。如果实验时温度超过所设定的最高温度，实验数据仍然可以保存在几个文件中。③ 按“开始实验”按钮，输入本次实验数据保存的文件名，而后开始记录实验数据，实验数据将以波形的形式显示在图形界面上。④ 观察到所要测定的实验现象后，可点击“结束实验”按钮，实验结果被自动保存为 DAT 文件。⑤ 点击“打印”，将打印软件页面所显示的图形。需要指出的是虽然图像可以缩放，但打印时整张图仍然在一张纸上打印。⑥ 按“步冷曲线”按钮，能选择已有实验结果添加至图形，多次重复这一过程，可添加多条曲线至图形上。做实验时，可将温度及时间坐标范围选宽一点，以完整记录实验过程，如需观察其中某段曲线，在实验结束后，用以下方法实现：首先用“参数设置”按钮设置图形的参数，再用“步冷曲线”按钮将实验结果显示出来。⑦ 从步冷曲线上读出拐点温度及水平温度，按“相图绘制”按钮，分别输入拐点温度、水平温度、样品成分，输入顺序按照其中一种物质的百分比大小。为了保证相图的准确性，必须保证实验结果覆盖相图曲线的各部分。⑧“图形放大”按钮，点击可将图形逐渐放大，便于观察曲线；“图形缩小”按钮，点击可将图形逐渐缩小，直到将曲线恢复到默认大小；“图形清空”按钮，点击将显示图形清空；点击图形区，则在左边的“位置温度”下面的框内出现鼠标所点击位置处的温度坐标；点击“退出”按钮，退出软件程序。

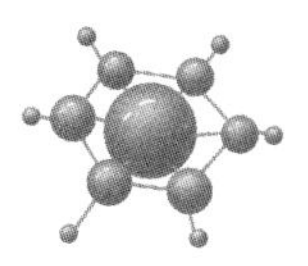

实验七　电动势法测定热力学函数

一、实验目的

(1) 了解电动势的测量原理和方法。

(2) 掌握原电池的组装方法。

(3) 掌握由电动势求得一定温度下的温度系数和热力学函数的方法。

二、实验原理

本实验的原电池是

$$Ag(s)\,|\,AgCl(s)\,|\,KCl(1\ mol\cdot L^{-1})\,|\,Hg_2Cl_2(s)\,|\,Hg(l)$$

在不同温度下测定其电动势，从而得到一定温度下的温度系数$\left(\frac{\partial E}{\partial T}\right)_p$及热力学函数$\Delta_r G_m$、$\Delta_r H_m$、$\Delta_r S_m$。使化学能转变为电能的装置称为原电池，电池能自发地在两电极上发生化学反应，并产生电流。这个实验的原电池负极为 Ag/AgCl 电极，正极为甘汞电极，甘汞电极的电解质溶液为 $1\ mol\cdot L^{-1}$ KCl。

原电池的电动势不能直接用伏特计测量，而只能采用对消法测定。原电池的电动势等于组成电池的各相间的各个界面上所产生的电势差之和。如果原电池与外电路组成闭合回路时产生电流，原电池内部也是一段电流线路，电子在原电池内部流动同样会受到一定的阻力，称为电池内阻。伏特计通过电流流过在磁场中的线圈而带动指针转动，它所显示的电压值等于电流强度乘以伏特计内阻。伏特计内阻相对于原电池就近似于外电路电阻。伏特计所测量的并不是原电池的电动势，电池内部的电压降并没有测量出来。另外，本实验通过测定电动势推算热力学函数，须保证所测定的电动势为可逆电池的电动势。可逆电池必须具备两个条件：① 电池中的化学反应可以完全逆向进行；② 可逆电池在工作时，所通过的电流必须十分微小，此时电池接近于平衡状态。而伏特计必须有适量的电流通过才能示值，电池中就发生化学变化，电池的结构不断改变，电动势也不断变化，实际上这时的电池已不是可逆电池。

对消法测电动势的原理如图 2-6-1 所示。对消法测定电池的电动势是在闭合回路中，加上一个与电池电动势大小相等、方向相反的电动势，使闭合回路中没有电流通过，用检流计检测回路中电流为零，此时的外加电动势即为电池电动势。外加电动势是由电流流经一电阻而得到的，电阻按比例标示着电动势的示值，电流的大小则由标准电池标定得到。

在等温等压的可逆过程中，系统吉布斯自由能(Gibbs free energy)的减少量等于对外所做的最大非膨胀功，对于原电池，它所做的非膨胀功即为电功，所以

$$(\Delta_r G)_{T,p}=-nEF$$

式中，n 为电池输出电荷的物质的量；E 为可逆电池的电动势；F 是法拉第常数(Faraday constant)，为 $96485\ C\cdot mol^{-1}$。按电池反应式，当 $\xi=1$ mol 时的吉布斯自由能的变化值

可表示为

$$(\Delta_r G_m)_{T,p} = \frac{-nEF}{\xi} = -zEF \tag{3-7-1}$$

式中，z 为按所写的电极反应式在反应进度为 1 mol 时电子的计量系数，$\Delta_r G_m$ 的单位为 $J \cdot mol^{-1}$。本实验的电池反应式，当 $\xi = 1$ mol 时为

$$Ag(s) + \frac{1}{2}Hg_2Cl_2(s) = AgCl(s) + Hg(l)$$

根据热力学基本公式，可得

$$\left[\frac{\partial(\Delta G)}{\partial T}\right]_p = -\Delta S \tag{3-7-2}$$

把式(3-7-1)代入式(3-7-2)得，

$$\Delta_r S_m = zF\left(\frac{\partial E}{\partial T}\right)_p \tag{3-7-3}$$

在等温下

$$\Delta G = \Delta H - T\Delta S \tag{3-7-4}$$

把式(3-7-1)、(3-7-3)代入式(3-7-4)，可得

$$\Delta_r H_m = \Delta_r G_m + T\Delta_r S_m = -zEF + zFT\left(\frac{\partial E}{\partial T}\right)_p \tag{3-7-5}$$

实验测定几个不同温度的原电池电动势，选择 25 ℃、30 ℃、35 ℃其中一个温度，求取该温度下电池电极反应的热力学函数。以温度 T 和电池电动势 E 的实验数据，作 E-T 图，求出温度系数 $\left(\frac{\partial E}{\partial T}\right)_p$，然后根据式(3-7-1)、(3-7-5)、(3-7-3)，计算 $\Delta_r G_m$、$\Delta_r H_m$、$\Delta_r S_m$。

三、仪器和试剂

UJ51 型低电势直流电位差计，1 台；YJ42 型精密稳压源，1 台；AC15 型直流复射式检流计，1 台；饱和标准电池，1 个；HK-1D 玻璃恒温水槽，1 台；YJ87 型直流标准电压电流发生器，1 台；甘汞电极，电解质溶液为 1 $mol \cdot L^{-1}$ KCl，1 支；Ag/AgCl 电极，1 支；213 型铂电极，1 支；216 型银电极，1 支；H 管，2 根；金相细砂纸。

KCl，1 $mol \cdot L^{-1}$；HCl，1 $mol \cdot L^{-1}$；镀银液，1000 mL 溶液中 $AgNO_3$ 30 g、KI 600 g、氨水($NH_3 \cdot H_2O$)70 mL。

四、实验步骤

实验步骤分为测定电动势和制备 Ag/AgCl 电极两部分，测定电动势所用的Ag/AgCl 电极由标有“待测定的 Ag/AgCl 电极”的棕色小瓶取出，制备 Ag/AgCl 电极的 Ag/AgCl 电极由标有“待电镀的 Ag/AgCl 电极”的棕色小瓶拿出。制备 Ag/AgCl 电极与测定电动势可同时进行。

1. 测定不同温度下的电动势

测定 5 个温度，温度间隔 5 ℃，根据室温，起始恒温温度可取 20 ℃、25 ℃、30 ℃，恒温温度最高不得超过 50 ℃。

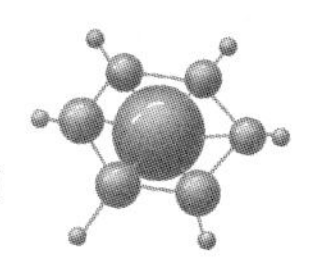

(1) 在 H 管中倒入适量的 1 mol·L^{-1} KCl 溶液，然后用锌片挂于玻璃恒温水槽内，接着放入甘汞电极与 Ag/AgCl 电极。HK-1D 玻璃恒温水槽如图 3-7-1 所示，其面板如图 3-7-2所示。开启玻璃恒温水槽，调节搅拌调速旋钮，使搅拌器以适当的速度搅拌。接着，观察设定显示窗口的温度值是否与所要恒温的温度一致。如果不一致，按“设定”进入设定状态，接着按下“×10”键到最大值再多按 1 下将数字清零，再通过“＋1”“－1”“×10”三个键设置恒温温度，比如 25 ℃，先按 2 下“＋1”显示 00.02，接着按 1 下“×10”显示 00.20，再按 5 下“＋1”显示 00.25，然后按 2 下“×10”显示 25.00。恒温温度设置好后，按“设定”进入恒温控制。当玻璃恒温水槽达到恒温温度后，需再恒温 20 min 才能测定电动势，因为 H 管中的溶液及电极需经过一段时间后才能达到恒温温度。

图 3-7-1　玻璃恒温水槽

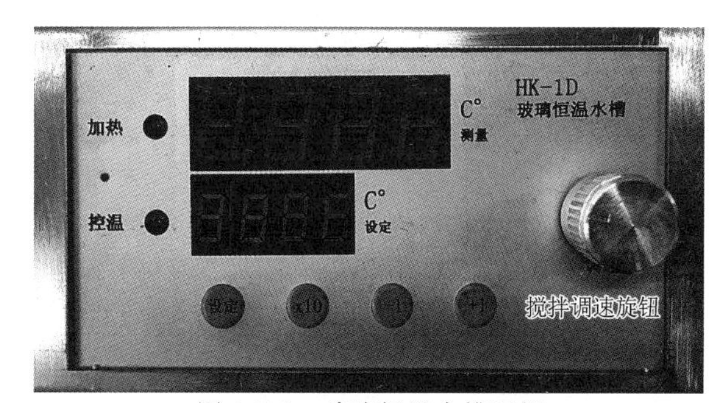

图 3-7-2　玻璃恒温水槽面板

(2) 接好测定电动势线路，线路均接于 UJ51 型低电势电位差计的接线柱上，电位差计的面板如图 3-7-3 所示，转换开关如图 3-7-4 所示。先注意测量转换开关 K_1 是否置于断开的黑点上，转换开关上的四个挡位“检零”“标准”“未知 1”“未知 2”分别对着 1 个黑点，4 个黑点之间还有 3 个黑点，这 3 个黑点是断开的点，K_1 置于断开的点时，电位差计的线路全部断开。在电位差计没有测定时，K_1 需置于断开的点上。“未知”有两组接线柱，任选一组，正极接甘汞电极，负极接 Ag/AgCl 电极。“检流计”接线柱接 AC15 型直流复射式检流计，检流计面板如图 3-7-5 所示，注意检流计电源转换开关应在“220 V”处。“标准”接线柱接饱和标准电池，接线正与正相连接，负与负相连接。“电源”接线柱接 YJ42 型精密稳压源。精密稳压源面板如图 3-7-6 所示，稳压源上的红色接线柱为正，量程转换开关置于“6 V”处。标准电池的电动势与温度有关，所以要用“温度补偿”进行校正，计算式为

$$E_t = E_{20} - [40.6(t-20) + 0.95(t-20)^2 - 0.01(t-20)^3] \times 10^{-6}$$

式中，E_t 的单位为 V，E_{20} 为标准电池 20 ℃时的电动势(该出厂值已标示于标准电池上)，t 为室温。代入得出 E_t 后，旋转“温度补偿”的两个旋钮，使示值为 E_t。

图 3-7-3　UJ51 型低电势直流电位差计面板

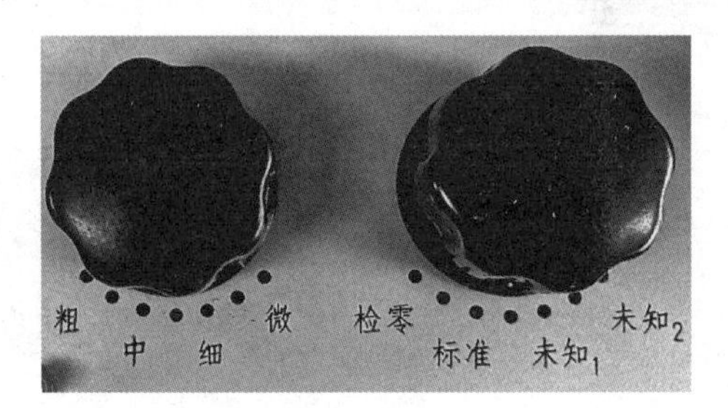

图 3-7-4　电位差计转换开关

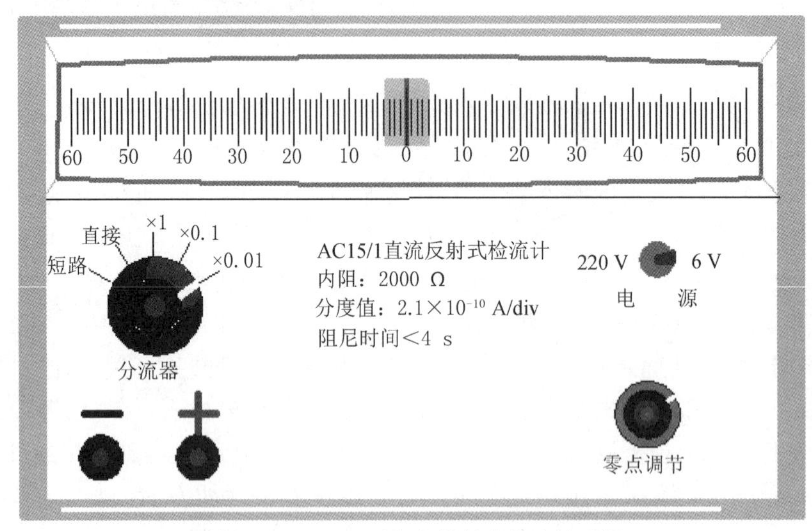

图 3-7-5　AC15 型直流复射式检流计面板

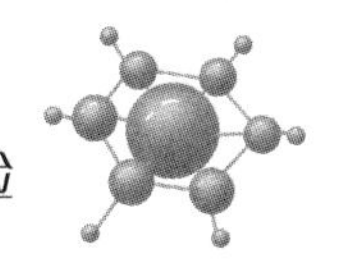

图 3-7-6 精密稳压源面板

(3) 在测定电动势之前，先进行检流计自身调零，注意电位差计测量转换开关 K_1 是否置于断开的点上，然后把检流计的开关置于“×1”处，调节“零点调节”按钮，使标度尺上的光点处于零位。接着，进行电位差计的工作电流调节，把电位差计的灵敏度转换开关 K_2 置于“粗”处。灵敏度转换开关 K_2 与测量转换开关 K_1 一样，四个挡位“粗”“中”“细”“微”分别对着 1 个黑点，四个黑点之间还有 3 个黑点，这 3 个黑点是断开的点。接着把测量转换开关 K_1 置于“标准”处，调节“工作电流调节”4 个键盘中的“粗”键盘，使光点最接近零；然后把 K_2 置于“中”处，调节“中”键盘使光点最接近零；接着把 K_2 置于“细”处，调节“细”键盘使光点最接近零；最后把 K_2 置于“微”处，调节“微”键盘使光点最接近零。然后，转换开关 K_1 置于“检零”处，K_2 分别置于“粗”“中”“细”处，分别调节“零位电势补偿”的“粗”“中”“细”键盘，使检流计的光点为零。工作电流调节完成后，把测量转换开关 K_1 置于断开的点上。

(4) 待原电池恒温 20 min 后，把灵敏度转换开关 K_2 置于“粗”处，测量转换开关 K_1 置于对应于原电池所接的“未知”接线柱“未知 1”或“未知 2”处，调节测定电动势的 6 个键盘使光点最接近零，接着 K_2 依次置于“中”“细”“微”处，分别调节测定电动势的 6 个键盘使光点最接近零。然后把 K_1 置于断开的点上，先记录此时恒温水槽的温度示值，再记录电位差计上键盘所显示的数值，即电动势值。

(5) 调高恒温水槽的恒温温度 5 ℃，达到目标温度后恒温 20 min，再测定原电池的电动势。共测 5 个温度后停止实验，取出甘汞电极和 Ag/AgCl 电极，用实验纯水清洗干净后，Ag/AgCl 电极放入标有“待电镀的 Ag/AgCl 电极”的棕色小瓶中。

2. 制备 Ag/AgCl 电极

(1) 从标有“待电镀的 Ag/AgCl 电极”的棕色小瓶中拿出一支 Ag/AgCl 电极，先用金相细砂纸轻轻磨亮 Ag/AgCl 电极露出的全部银棒，要注意银棒的最下端处也要磨亮。在 H 管中加入适量的镀银液，把铂电极和 Ag/AgCl 电极放入 H 管中，为镀好银棒最下端处，银棒末端要离开 H 管底部，使银棒悬于溶液中。

(2) YJ87 型直流标准电压电流发生器面板如图 3-7-7 所示，把铂电极导线接于输出端钮的红色接线柱上，Ag/AgCl 电极导线接于输出端钮的蓝色接线柱上。检查直流标准电压电流发生器的“极性”开关是否置于“+”处（“极性”在“+”处红色接线柱才为正极），“量程”开关是否置于“×10 mA”处。然后进行输出值的设定，输出值为 0～1 范围内的一

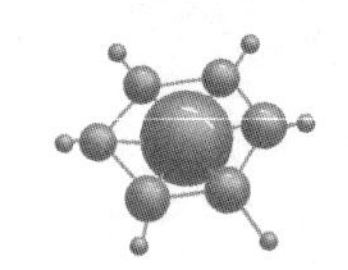

个系数，这个系数乘以量程即为输出值。电压电流发生器面板上方有3个读数盘，从左至右第一个读数盘为小数点后第一位，第二个读数盘为小数点后第二位，第三个读数盘为小数点后第三位和第四位。读数盘下有相对应的3个旋钮，调节3个旋钮即可得到所要的输出值。调节第一个读数盘示值为“2”，第二个读数盘和第三个读数盘的示值都为“0”，那么读数盘所显示的系数为0.2，量程为10 mA，所以输出值为2 mA。开启电压电流发生器，把“输出”转换开关置于“通”处，即开始输出2 mA电流。

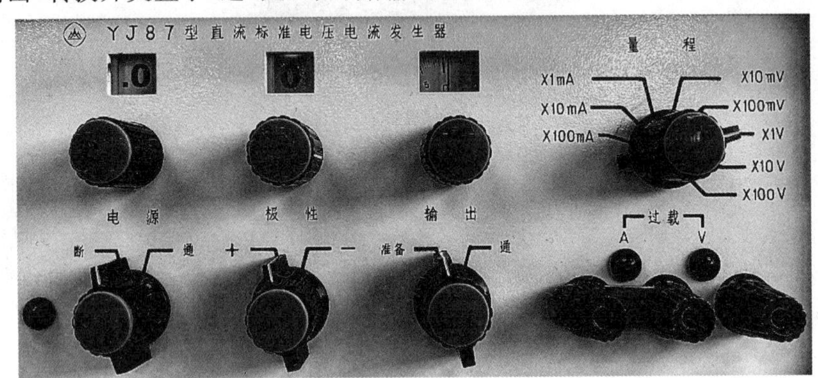

图 3-7-7　YJ87型直流标准电压电流发生器面板

(3) 以2 mA电流电镀半小时后，把电压电流发生器的“输出”转换开关置于“准备”处，拆下Ag/AgCl电极并从H管中取出，置于一干净处，并使露出的银棒腾空，不沾碰到其他东西，可看到银棒已被镀上一层白色物质，拿放时要小心保护这层白色物质。拆下铂电极，把H管中的溶液倒掉，H管与铂电极用实验纯水清洗干净，然后往H管中倒入适量的1 mol·L^{-1} HCl。接着设定电压电流发生器的电流输出值为1 mA，把Ag/AgCl电极接于红色接线柱上，铂电极接于蓝色接线柱上，并把它们放入H管中，Ag/AgCl电极要悬于溶液中。电镀和电解的电流方向相反，两电极的接线柱正负对调。把“输出”转换开关置于“通”处，即输出1 mA电流对被镀的Ag/AgCl电极进行电解。电解半小时后，关闭电压电流发生器。取出Ag/AgCl电极，这时银棒应呈现紫褐色，要请老师检查是否合格。如果合格，用实验纯水清洗后，放入标有“待测定的Ag/AgCl电极”的棕色小瓶中，棕色小瓶中装有1 mol·L^{-1} KCl溶液，银棒部分必须浸没于溶液中，约24 h后即可使用。

五、实验数据记录与处理

1. 实验数据记录

记录下原电池在不同温度下的电动势，如表3-7-1所示。

表 3-7-1　不同温度下的电动势

t/℃					
E/V					

2. 实验数据处理

选择25 ℃、30 ℃、35 ℃其中一个温度，求取该温度下电池电极反应的温度系数和热力学函数。

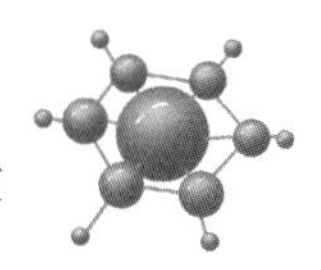

(1) 作 E-T 图,求出温度系数$\left(\frac{\partial E}{\partial T}\right)_p$。

(2) 根据式(3-7-1)、(3-7-5)、(3-7-3),计算 $\Delta_r G_m$、$\Delta_r H_m$、$\Delta_r S_m$。

六、思考题

(1) 为什么测定电池反应的热力学函数值时,要求电池反应在恒温恒压下可逆进行?
(2) 为什么测定电池电动势要用对消法? 为什么不能用伏特计测量电池电动势?
(3) 本实验原电池的电动势与 KCl 溶液浓度是否有关? 为什么?
(4) 在测量过程中,如果检流计光点总是往一个方向偏转,可能是什么原因?
(5) 在测定中,为什么待测电池不能长时间通电?

附录 7-1 直流电位差计

UJ51 型低电势直流电位差计由上海电表厂生产,采用对消法测量直流电动势或电压,配用直流标准电阻时可测量直流电流和电阻,配用相应转换器时还可进行非电量的测量。电位差计所有转换开关、测量盘、调节盘、接线柱等均安装在铝制的安装板上,并装在金属的箱壳内,其面板如图 3-7-3 所示。

UJ51 型低电势直流电位差计的主要技术指标为:① 环境温度的标称使用范围(20±10)℃;② 相对湿度的标称使用范围 25%~75%;③ 测量范围 0~0.1111110 V;④ 最小步进值 0.1 μV;⑤ 仪器测量盘在任何示值下,其标准电势或工作电流的相对变化不大于 0.001%。

(1) 电动势的测量:① 电位差计未接通线路前,根据室温计算标准电池电动势,并调节温度补偿盘示值;② K_1 放置在“标准”处,K_2 由“粗”至“微”顺次接通,分别调好工作电流调节盘,使检流计指零;③ 先将 K_2 转至断开位置,K_1 转至“检零”,再将 K_2 由“粗”至“微”顺次接通,调好残余电势调节盘,使检流计指零;④ 将 K_1 转至“未知 1”或“未知 2”,如上调节使检流计指零,被测电动势大小即为所有测量盘示值的总和。

(2) 电流的测量:在测量电流时,应在被测电流回路内接入标准电阻,且将标准电阻电位端按照极性分别接在电位差计未知端的端钮上,用电动势测量方法,测量被测电流在标准电阻上的电压降,则被测电流 I_x 可按下式计算,

$$I_x=\frac{U}{R_N}$$

式中,U 为电位差计测量盘示值,R_N 为标准电阻的阻值。选用标准电阻的规定为:① 标准电阻上的电压降应小于或等于 0.1 V;② 标准电阻的负荷不应超过该电阻的额定功率值。

(3) 电阻的测量:电位差计测量电阻线路如图 3-7-8 所示,用变阻器 R_{PM} 调节被测电路中电流大小,使标准电阻 R_N 和未知电阻 R_x 的电压降在电位差计合适的测量范围内。接着将 K_1 放置在“未知 1”处,按电动势的测量方法测得 R_N 的电压降 U_N,然后将 K_1 放置在“未知 2”处,测得 R_x 的电压降 U_x,那么 R_x 的计算式为

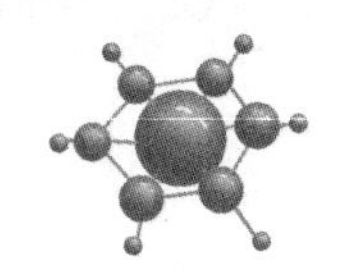

$$R_x=\frac{U_x}{U_N}R_N$$

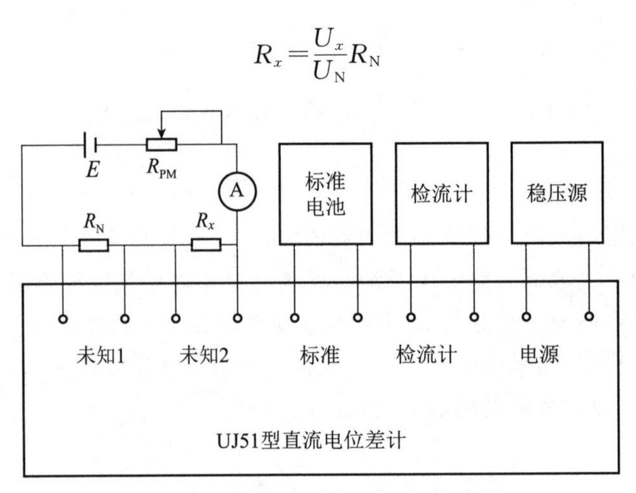

图 3-7-8　电位差计测量电阻线路图

由于电阻测量是采用两个电压降进行比较，只要电位差计的工作电流处于稳定情况下，可以不必用标准电池校准电位差计的工作电流。

用于电位差计的标准电池一般为饱和酸性镉电池，这种电池适用于计量部门、工矿企业、高等院校实验室和科研单位用作电动势测定量具。饱和标准电池的电动势稳定，一年内电动势的允许变化不超过 50 μV。如图 3-7-9，组成标准电池的各种化学物质均密封在玻璃管中，玻璃管安装在一个圆柱形的铝筒内，这能使电池具有均匀的温度，两端钮固定在面板上，并附有极性标记。饱和标准电池使用注意事项：① 电池应在 0～40 ℃及相对湿度小于 80%的环境条件下存放，以避免标准电池的滞后影响及可能产生的泄漏电流；② 电池应防止阳光照射及其他光源、热源、冷源的直接作用；③ 要避免摇晃震动、倾斜和倒置，应平稳垂直拿取、使用，使电池内部材料之间始终保持良好的界面接触，从而得到稳定的电动势；④ 电流流过电池会引起电池电动势的变化，通入或流出的电流应小于1 μA，并应间歇使用，严禁用伏特表或万用表直接测量标准电池；⑤ 电池两极之间要有良好的绝缘电阻，应避免一切可能影响两极间绝缘电阻的外界因素，注意不要让标准电池的两极短路。

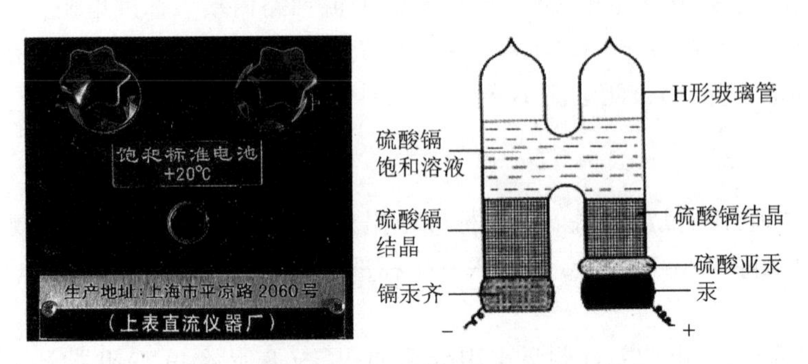

图 3-7-9　饱和标准电池面板及内部结构

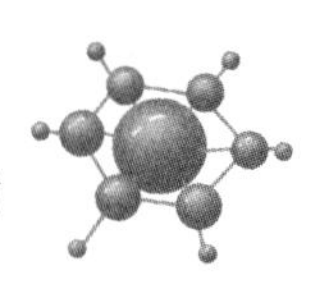

附录 7-2 直流复射式检流计

AC15 型直流复射式检流计可供电桥、电位差计作为指零仪，也可测量小电流及小电压，适用于温度 5～35 ℃及相对湿度小于 80%的环境。AC15 型直流复射式检流计有 6 种系列产品，分别为 AC15/1、AC15/2、AC15/3、AC15/4、AC15/5、AC15/6，它们的主要技术指标如表 3-7-2 所示，各参数不大于表中所列的值。除了表中的技术指标，其他相同的技术指标有：① 指示器偏转的对称性 5%；② 照明电压 6 V 或 220 V；③ 标度尺，长 130 mm 等分 130 分度，每分度 1 mm，标度为 65-0-65。

表 3-7-2 AC15 型直流复射式检流计主要技术指标

参数	AC15/1	AC15/2	AC15/3	AC15/4	AC15/5	AC15/6(1)	AC15/6(2)
内阻/Ω	≤1500	≤500	≤100	≤50	≤30	≤50	≤500
外临界电阻/Ω	$\leqslant 10^5$	$\leqslant 10^4$	≤1000	≤500	≤40	≤500	$\leqslant 10^4$
分度值/(10^{-9} A)	≤0.3	≤1.5	≤3	≤5	≤10	≤5	≤1.5
临界阻尼时间/s	≤4	≤4	≤4	≤4	≤4	≤4	≤4

检流计面板如图 3-7-5 所示，AC15/1～5 型检流计有 2 个接通测量电路的极性“+”和“－”的接线柱，AC15/6 检流计为高、低阻两用检流计，它有 3 个接线柱，“－”-“1”为低阻检流计的接线端，“－”-“2” 为高阻检流计的接线端。检流计装有零点调节器及标盘活动调零器，零点调节器为零点粗调，标盘活动调零器为零点细调，它们能保证检流计在水平位置向任何方向倾斜 5°时，可以将光点调整在标度尺零位上。检流计配有分流器，测量时应从最低灵敏度开始，如偏转不大，则可逐步转到高灵敏度测量；0.01 挡为最低灵敏度挡。为防止检流计活动部分、拉丝等受到机械振动而遭到损坏，采用短路阻尼的方法，因此分流器开关具有短路挡。检流计后面板有一个接壳的接线柱，能有效消除寄生电动势和漏电对测量结果的影响。

检流计使用注意事项：① 在接通电源时，应使电源开关所指示的位置与所使用的电源电压值一致，特别注意不要将 220 V 电源插入 6 V 插座内。② 检流计的外临界电阻应接近测量线路的电阻，若外电路电阻与外临界电阻相差较大，可用电阻箱接入检流计线路中调节。③ 在测量中如需要屏蔽，可用绝缘物(如有机玻璃、绝缘胶板)将检流计垫起，并将“接壳”接线柱接线以屏蔽。④ 在测量中检流计光标摇晃不停时，可用短路挡使检流计受到阻尼，在改变电路、使用结束和搬动仪器时均应将检流计短路。⑤ 如标尺上找不到光点影像，可将分流器开关置于“直接”处，并将检流计轻微摆动。如有光点影像扫掠，则可调节零点调节器将光点调至标尺上；如仍无光点影像扫掠，则应检查灯泡是否损坏。

实验八　阴极极化曲线的测定

一、实验目的

(1) 掌握阴极极化曲线的测定方法。

(2) 了解络合剂、添加剂、电流密度对阴极极化的影响。

(3) 了解并学会使用电化学分析仪。

二、实验原理

在有电流通过电极时，电极电势偏离可逆电势，这种现象称为电极的极化。某一电流密度下的电极电势与可逆电势的差值称为超电势。由于超电势的存在，在实际电解时要使正离子在阴极上发生还原，外加于阴极的电势必须比可逆电极的电极电势更负一些。阴极极化曲线是指电流密度与阴极电势之间的关系曲线。所谓的电流密度等于电流强度除以阴极接受电镀的面积。

电镀是一种电解加工工艺。镀液中金属离子在外电场的作用下，经电极反应还原成金属原子，在阴极上析出并沉积。因此，这是一个包括电解质传质、电化学反应和电结晶等步骤的金属电沉积过程。从原理上分析，金属离子从液相转变为固相，体系的自由能降低，在新相形成的同时又使体系自由能升高，所以体系能量的变化是这两部分能量变化的总和。从所需要的表面能量来考虑，小晶体比大晶体具有更高的表面能。阴极极化越大，超电势越大，能够提供更多的表面能，所以晶核生成的速度越大。当晶核的生成速度大于晶核的生长速度时，镀层就更细致紧密，因此增大阴极极化程度有利于提高镀层的质量。但是，如果仅通过增大电流密度以造成较大的浓差极化，通常形成的是疏松的镀层。为解决此问题，往往在电镀液中加入各种络合剂、添加剂，以减小电极反应速度，进一步提高电化学反应的极化程度，因为破坏金属离子-络合剂的配位键以及克服添加剂的化学吸附作用力需要增加额外的能量。

阴极极化曲线是电镀中的一个重要数据，通过阴极极化曲线的测定可观察到阴极极化对电镀质量的影响。本实验电镀锌属于氯化物镀锌方法，采用的镀液分别由氯化锌、氯化铵、柠檬酸、硫脲、聚乙二醇组成。

(1) 氯化铵：氯化铵在镀液中主要起导电作用，可提高电流效率，同时还是一种络合剂，但络合能力较低，只有较小的阴极极化作用。

(2) 柠檬酸：络合剂，与锌离子的络合能力比氯化铵强。

(3) 硫脲：添加剂，在电镀过程中，活性 S^{2-} 离子在电极表面与金属形成表面络合物，阻碍电极反应，有整平、光亮镀层的作用。

(4) 聚乙二醇：添加剂，属非离子型表面活性物质，可强烈吸附在电极表面，阻碍电极反应。

电化学分析仪是通用电化学测量系统，包含多种电化学测量技术，是电化学研究和教学中常用的仪器。本实验应用了其中两种实验技术——开路电位-时间曲线(open circuit

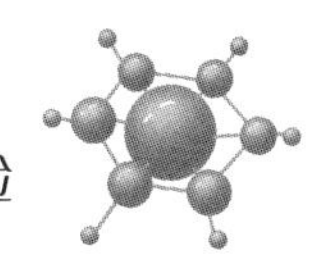

potential-time)和塔费尔图(Tafel plot)。参比电极是饱和甘汞电极,所测得的电势等于阴极电势值减去饱和甘汞电极电势值。25 ℃时饱和甘汞电极电势值为 0.2412 V,温度对其电极电势的影响在本实验中忽略不计。

三、仪器和试剂

电化学分析仪,CHI604E,1 台;计算机,1 台;打印机,1 台;三口 H 形电解池,1 个;饱和甘汞电极,1 支;金相砂纸,320 目,1 张;剪刀,1 把;直尺,1 把;烧杯,100 mL,2 个;烧杯,250 mL,1 个。

锌片,0.2 mm 厚,10 cm 宽,1 卷;1 号镀液,50 g·L^{-1}氯化锌+250 g·L^{-1}氯化铵;2 号镀液,50 g·L^{-1}氯化锌+250 g·L^{-1}氯化铵+20 g·L^{-1}一水柠檬酸;3 号镀液,50 g·L^{-1}氯化锌+250 g·L^{-1}氯化铵+20 g·L^{-1}一水柠檬酸+0.5 g·L^{-1}硫脲+0.5 g·L^{-1}聚乙二醇 1500。

四、实验步骤

(1) 开启电化学分析仪(图 3-8-1),然后安装电解池。① 加镀液。打开三口 H 形电解池(图 3-8-2)塞子,用带刻度的 100 mL 烧杯取 50 mL 左右的 1 号镀液,先加入电解池的两个大管中,至液面正好淹没两个大管之间连接管的最高处,再加入电解池的小管中,至液面与两个大管的液面相平。② 参比电极。在电解池小管中放入饱和甘汞电极,用白色电极夹子(图 3-8-3)夹住饱和甘汞电极接头。③ 对电极。在宽度 10 cm 的大锌片上,剪取 10 cm×1 cm 锌片,剪取 5 cm×2 cm 小片金相砂纸,小片砂纸对折,夹住锌片一端,两面磨光离端口 2.5 cm 左右长度的锌片,从离磨光一端 5.7 cm 开始,两边各剪 0.3 cm 左右至另一端,锌片放入不与小管相连的电解池大管中,锌片小端穿过塞子中孔,并盖上塞子。用红色电极夹子夹住锌片,盖塞子时轻放即可,塞子为聚四氟乙烯材料,如果塞紧可能不易取下。剪取及磨光锌片的过程中,要防止被锌片割伤,要带实验手套。④工作电极。剪取 10 cm×0.5 cm 锌片,用砂纸两面磨光离端口 2.5 cm 左右长度的锌片,在磨光处的其中一面用环氧树脂封闭并包边。在离磨光一端 5.7 cm 处折成直角弯,直角弯往上 1 cm 处再折成直角弯,直角的另一边与磨光端口方向相反,未磨光的一端穿过塞子,直角弯紧贴塞子底部。剪一段透明胶带粘紧固定住工作电极,把工作电极放入电解池中,使工作电极磨光处正对着鲁金毛细管尖端,用绿色电极夹子夹住露出塞子的锌片,工作电极与鲁金毛细管尖端的距离应在 1～4 mm 之间,如图 3-8-4。实验过程中尽可能不要触碰电极夹子及其连接线。鲁金毛细管是为了减小液接电势和溶液电阻,将参比电极溶液端的玻璃管拉成毛细管,在三口 H 形电解池中,小管和大管的连接管在大管端被拉成毛细管尖端,就形成鲁金毛细管。

图 3-8-1 电化学分析仪面板

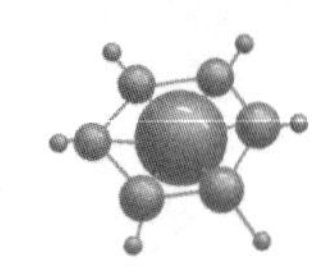

图 3-8-2 三口 H 形电解池

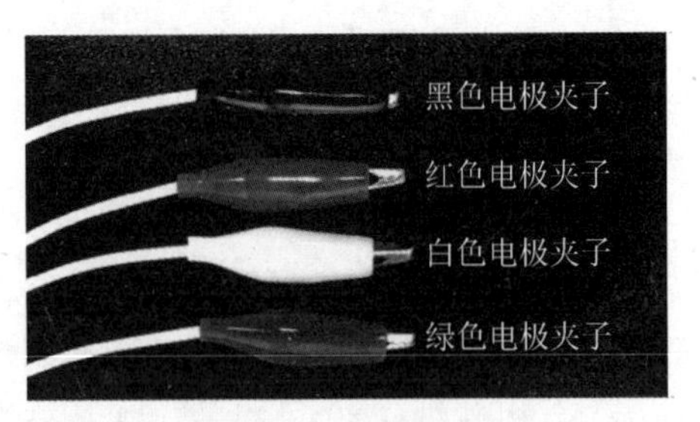

图 3-8-3 电极夹子

图 3-8-4 电解池的电极安装

(2) 打开计算机桌面上“CHI604e”软件，进入电化学分析仪测试页面(图 3-8-5)，接着点击菜单项“T”(Technique)，弹出“Electrochemical Techniques”窗口，点击“OCPT-Open Circuit Potential-Time”(图 3-8-6)，然后点击“OK”，弹出“Open Circuit Potential-Time Parameters”窗口(图 3-8-7)，“Run Time(sec)”输入“300”，“Sample Interval(sec)”为“0.1”，“High E Limit(V)”输入“−0.5”，“Low E Limit(V)”输入“−1.5”，点击“OK”，点击菜单项“▶”(Run Experiment)，开始测试开路电位-时间曲线。测试完成后，点击菜单项“💾”(Save As)，弹出“另存为”窗口，文件名设为“实验者姓名＋镀液号＋ocpt＋序号”，点击“保存”。

图 3-8-5 CHI604E 电化学分析仪测试页面菜单栏

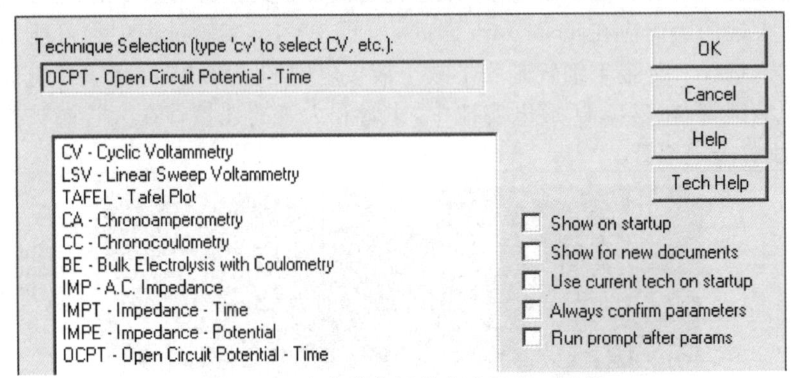

图 3-8-6 电化学分析技术选择窗口局部

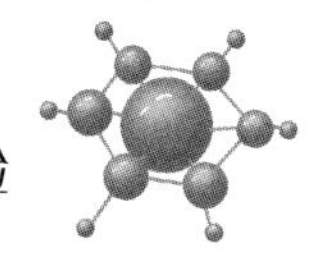

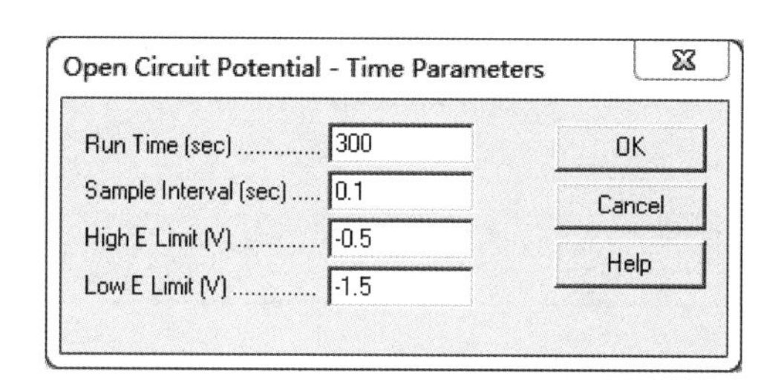

图 3-8-7 开路电位测试参数选择窗口

(3) 测定开路电位-时间曲线后，接着进行塔费尔图测试。点击菜单项"T"(Technique)，弹出"Electrochemical Techniques"窗口，点击"TAFEL-Tafel Plot"，点击"OK"，弹出"Tafel Plot Parameters"窗口(图 3-8-8)，"Init E(V)"中输入所测得的开路电位，采用开路电位-时间曲线测试页面左下角的最终开路电位值，取小数点后 3 位，"Final E(V)"中输入"－1.29"，"Sweep Segment"为"1"，"Hold Time at Final E(s)"为"0"，"Scan Rate(V/s)"中输入"0.0002"，"Quiet Time(sec)"为"2"，"Sensitivity"选择"1.e－001"，然后点击"OK"，点击菜单项"▶"(Run Experiment)，开始测试塔费尔图。

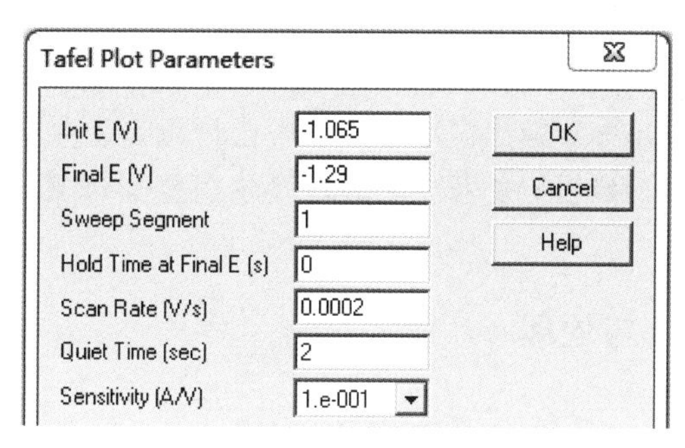

图 3-8-8 塔费尔图测试参数选择窗口局部

(4) 塔费尔图测定完成后，从电解池上取下电极夹子，拿出饱和甘汞电极、对电极分别放于烧杯中。拿出工作电极，撕去透明胶带，电镀部分用自来水冲洗一下，用直尺量取电镀面积，量取的长宽数值要估读 1 位，如果长宽不一致，要取平均处量取。量完电镀面积后，工作电极贴标签做镀液号标示，并放在烧杯中。在塔费尔图图形设置窗口(图 3-8-9)设置参数，可获得塔费尔图和阴极极化曲线。① 点击菜单项"Graphics"，在下拉菜单中点击"Graph Options"，弹出"Graph Options"窗口，注意"Current Density"和"E vs Reference Electrode"前面的小框是否打钩，如果有打钩，请点击去除，然后点击"OK"。接着点击菜单项"🖫"(Save As)，弹出"另存为"窗口，文件名设为"实验者姓名＋镀液号＋tafel＋序号"，点击"保存"。② 点击菜单项"Graphics"，在下拉菜单中点击"Graph Options"，弹出"Graph Options"窗口，在"Current Density"和"E vs Reference Electrode"前面的小框中打钩，"Electrode Area"输入电镀面积，以 cm^2 为单位，"Ref. Electrode"中输入0.2412，"Data"选择"i-E"，点击"OK"，形成 1 号镀液的阴极极化曲线。点击菜单项"🖫"(Save As)，弹出"另存为"窗口，文件名设为"相应 Tafel 图文件名＋1"。

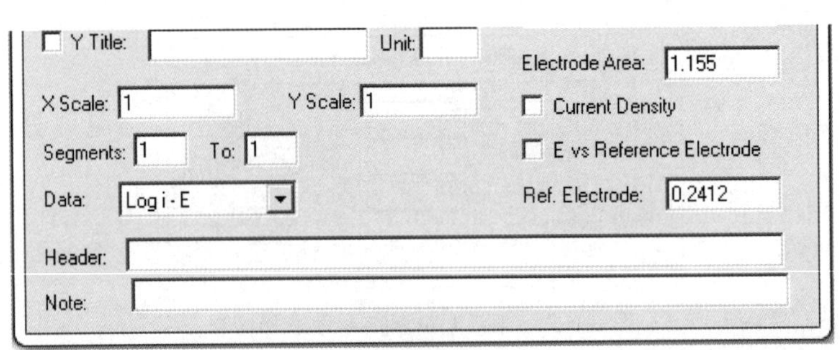

图 3-8-9　塔费尔图图形设置窗口局部

（5）测定1号镀液的阴极极化曲线后，接着测定2号、3号镀液，对电极还使用测定1号镀液的对电极，工作电极每次都要重新剪取锌片制作。三种镀液都测定完成后，点击菜单项“Graphics”，在下拉菜单中点击“New Overlay Plots”，弹出“Overlay Data Display”窗口，选择点击1号镀液的阴极极化曲线文件，点击“打开”，1号镀液的阴极极化曲线即叠加到3号镀液的阴极极化曲线上；再点击菜单项“Graphics”，在下拉菜单中点击“Add Data to Overlay”，弹出“Add Data to Overlay”窗口，选择点击2号镀液的阴极极化曲线文件，点击“打开”，2号镀液的阴极极化曲线即叠加到曲线图上；然后点击菜单项“🖨”(Print)，打印出三种镀液的阴极极化曲线，并根据计算机上曲线图颜色，做好曲线标识。接着，点击菜单项“📂”(Open)，弹出“Open”窗口，选择点击1号镀液的塔费尔图文件，点击“打开”，如上所述，把2号镀液、3号镀液的塔费尔图叠加进来，形成三种镀液的塔费尔图，然后打印并标识曲线。

五、实验数据记录与处理

1. 实验数据记录

三种镀液的塔费尔图合成图打印件。

2. 实验数据处理

三种镀液的阴极极化曲线合成图打印件。

六、思考题

（1）什么是阴极极化作用？如何增大阴极极化作用？

（2）为什么络合剂、添加剂能有效提高阴极极化效率？

（3）在测定阴极极化时，为什么要用三个电极？各有什么作用？

（4）为何用鲁金毛细管作盐桥？为什么要使鲁金毛细管与研究电极表面接近？

附录8-1　电化学分析仪

CHI600E系列电化学分析仪由上海辰华有限公司生产，包含600E、602E、604E、610E、620E、630E、650E、660E等多种型号，不同的型号具有不同的电化学测量技术和功能，但基本的硬件参数指标和软件性能是相同的。CHI600E系列集成了常用的电化学测量技术，不同实验技术间的切换十分方便，实验参数的设定是提示性的，可避免漏设和

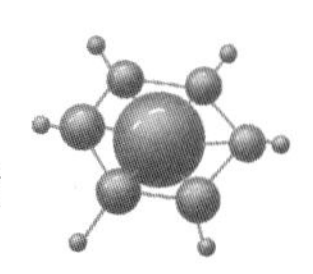

错设。

CHI600E系列电化学分析仪中的恒电位仪的主要技术指标为：① 最大电位范围±10 V；② 最大电流±250 mA连续，±350 mA峰值；③ 槽压±13 V；④恒电位仪上升时间小于1 μs，通常为0.8 μs；⑤恒电位仪带宽1 MHz；⑥ 所加电位范围±10 mV、±50 mV、±100 mV、±650 mV、±3.276 V、±6.553 V、±10V；⑦ 所加电位分辨率为电位范围的0.0015%；⑧ 所加电位准确度±1 mV，±满量程的0.01%；⑨ 所加电位噪声<10 μV均方根值；⑩ 测量电流范围±10 pA～±0.25 A，12量程；⑪ 测量电流分辨率为电流量程的0.0015%，最低0.3 fA；⑫ 电流测量准确度，电流灵敏度≥10^{-6} A·V^{-1}时为0.2%，其他量程为1%；⑬ 输入偏置电流<20 pA。

CHI600E系列电化学分析仪中的电位计的主要技术指标为：① 参比电极输入阻抗10^{12} Ω；② 参比电极输入带宽10 MHz；③ 25 ℃时参比电极输入偏置电流≤10 pA。

CHI660E电化学分析仪中的恒电流仪的主要技术指标为：① 测量电位分辨率为测量范围的0.0015%；② 恒电流范围3 nA～250 mA；③ 所加电流准确度，电流大于3×10^{-7} A时为0.2%，其他范围为1%，±20 pA；④ 所加电流分辨率为电流范围的0.03%；⑤ 测量电流范围为±0.025 V、±0.1 V、±0.25 V、±1 V、±2.5 V、±10 V。

CHI600E系列也是十分快速的仪器，信号发生器的更新速率为5 MHz，数据采集速率为500 kHz。循环伏安法的扫描速度为500 V·s^{-1}时，电位增量仅0.1 mV；当扫描速度为5000 V·s^{-1}时，电位增量为1 mV。又如交流阻抗的测量频率可达100 kHz，交流伏安法的频率可达10 kHz。仪器可工作于二、三、四电极的方式，四电极对于大电流或低阻抗电解池十分重要，可消除由于电缆和接触电阻引起的测量误差。仪器还有外部信号输入通道，可在记录电化学信号的同时记录外部输入的电压信号，例如光谱信号等，这对光谱电化学等实验极为方便。此外，仪器还有一个高分辨辅助数据采集系统(24 bit@10 Hz)，对于相对较慢的实验可允许很大的信号动态范围和很高的信噪比。

仪器由外部计算机控制，在视窗操作系统下工作，用户界面遵守视窗软件设计的基本规则，如果用户熟悉视窗环境，则无需用户手册就能顺利进行软件操作。命令参数所用术语都是化学工作者熟悉和常用的，一些最常用的命令都在工具栏上有相应的键，从而使得这些命令的执行方便快捷。软件还提供详尽完整的帮助系统。仪器软件具有很强的功能，包括极方便的文件管理、全面的实验控制、灵活的图形显示，以及多种数据处理。软件还集成了循环伏安法的数字模拟器，模拟器采用快速隐式有限差分法，具有很高的效率。算法的无条件稳定性使其适合于涉及快速化学反应的复杂体系，模拟过程中可同时显示电流以及随电位和时间变化的各种有关物质的动态浓度图形，这对于理解电极过程极有帮助。

如图3-8-10，点击Setup(设置)菜单，进入“System Setup”(图3-8-11)。如果使用RS-232接口连接计算机，可以查看计算机“设备管理器”中“通信端口”中的端口号是多少(COM*X*)，如图3-8-12，将软件端口号设置和计算机显示一致，设置后重启软件即可。如果使用USB线连接计算机，则需要先安装USB驱动程序，光盘中CP210x_VCP_ Windows文件夹内有安装说明。之后连接计算机，打开仪器电源，在计算机“设备管理器”中查看端口，同样将软件端口号设置和计算机显示一致。除了端口设置，在系统设置中：① 电源频

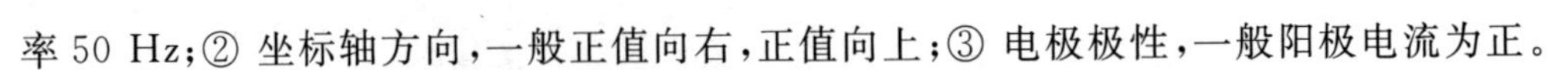

率 50 Hz；② 坐标轴方向，一般正值向右，正值向上；③ 电极极性，一般阳极电流为正。

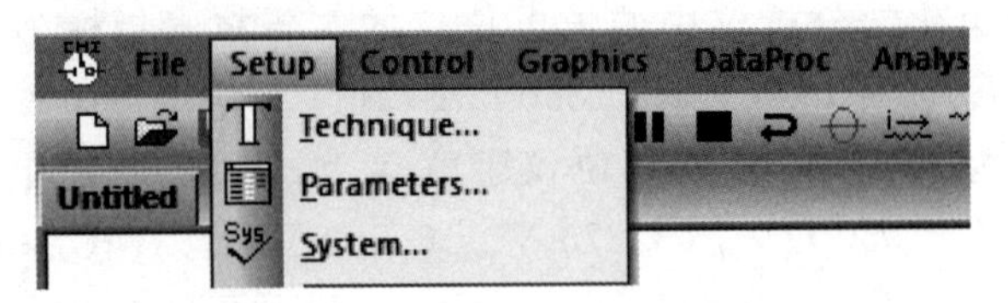

图 3-8-10　电化学分析仪设置菜单

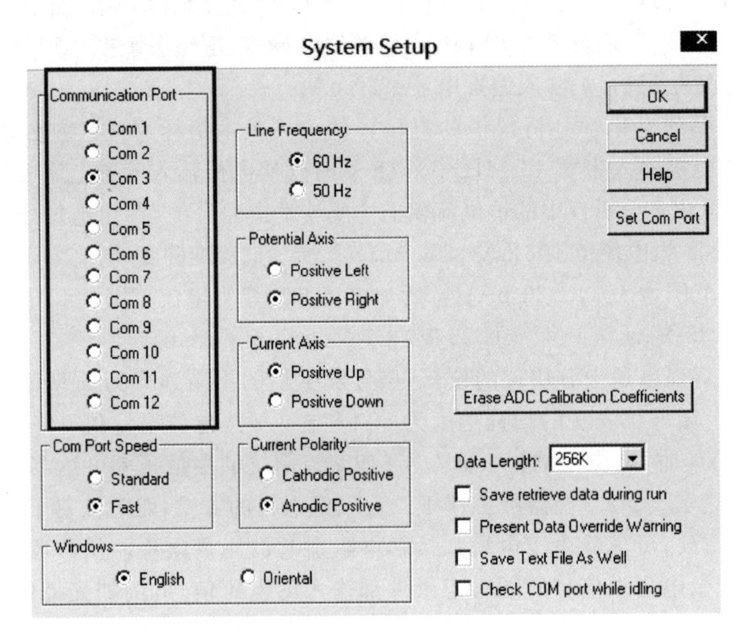

图 3-8-11　电化学分析仪系统设置

图 3-8-12　计算机设备管理器端口

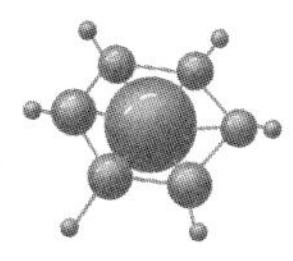

实验九 一级反应——蔗糖水解

一、实验目的

(1) 熟悉自动指示旋光仪的使用方法。

(2) 掌握旋光法测定蔗糖水解反应的速率常数和半衰期。

二、实验原理

这个实验是通过测定反应液的旋光度求得蔗糖水解反应的速率常数 k 和半衰期 $t_{1/2}$。蔗糖水溶液在氢离子(H^+)催化作用下进行水解反应

$$C_{12}H_{22}O_{11} + H_2O \xrightarrow{H^+} C_6H_{12}O_6(\text{葡萄糖}) + C_6H_{12}O_6(\text{果糖})$$

由于反应时水是大量存在的，H^+ 是催化剂，它们的浓度可视保持不变，因此蔗糖的水解反应可看作准一级反应。设 c_A^0 为初始浓度，c_A 为蔗糖在反应过程中的浓度，则蔗糖水解的反应速率方程可表示为

$$\frac{-dc_A}{dt} = kc_A$$

$$\int_{c_A^0}^{c_A} \frac{-dc_A}{c_A} = \int_0^t k dt$$

$$\ln c_A = -kt + \ln c_A^0 \tag{3-9-1}$$

由式(3-9-1)可求得半衰期 $t_{1/2}$，把

$$c_A = \frac{1}{2}c_A^0$$

代入得

$$\ln c_A^0 - \ln 2 = -kt + \ln c_A^0$$

$$t_{1/2} = \frac{\ln 2}{k} \tag{3-9-2}$$

由式(3-9-1)可看出，要求得反应速率常数 k，只要测得随反应时间 t 变化的蔗糖浓度 c_A，作 $\ln c_A$-t 直线图，直线斜率的负值即为 k。但要通过化学方法测定反应中的 c_A 是有难度的。蔗糖及其水解产物葡萄糖、果糖均有旋光性，随反应的进行反应液的旋光度不断变化。旋光度的大小与旋光物质、溶剂、溶液的浓度、样品管的长度、光源波长以及温度等有关，在其他条件均固定时，旋光度 α 与旋光物质浓度呈线性关系

$$\alpha = Kc$$

K 为比例常数。设蔗糖、葡萄糖、果糖的代号分别为 A、B、C，其比例常数分别为 K_A、K_B、K_C。

(1) t 为 0 时，

$$\alpha_0 = K_A c_A^0$$

(2) t 为∞时，

$$\alpha_\infty = K_B c_B + K_C c_C = (K_B + K_C) c_A^0$$

因为完全反应后

$$c_B = c_C = c_A^0$$

(3) 反应过程中

$$\alpha_t = K_A c_A + K_B c_B + K_C c_C = K_A c_A + (K_B + K_C)(c_A^0 - c_A)$$

因为葡萄糖与果糖均由蔗糖水解而得，所以

$$c_B = c_C = c_A^0 - c_A$$

那么

$$\alpha_0 - \alpha_\infty = (K_A - K_B - K_C) c_A^0$$

$$c_A^0 = \frac{\alpha_0 - \alpha_\infty}{K_A - K_B - K_C}$$

令

$$\frac{1}{K_A - K_B - K_C} = K'$$

$$c_A^0 = K'(\alpha_0 - \alpha_\infty) \tag{3-9-3}$$

$$\alpha_t - \alpha_\infty = K_A c_A - (K_B + K_C) c_A = (K_A - K_B - K_C) c_A$$

$$c_A = \frac{\alpha_t - \alpha_\infty}{K_A - K_B - K_C} = K'(\alpha_t - \alpha_\infty) \tag{3-9-4}$$

把式(3-9-3)、(3-9-4)代入式(3-9-1)

$$\ln[K'(\alpha_t - \alpha_\infty)] = -kt + \ln[K'(\alpha_0 - \alpha_\infty)]$$

$$\ln(\alpha_t - \alpha_\infty) = -kt + \ln(\alpha_0 - \alpha_\infty)$$

α_∞ 为水解反应完后反应液的旋光度，在较低温度下完全水解需较长时间，实验采用在 55 ℃水浴恒温 50 min，然后在水解反应温度下恒温后测定旋光度，即为 α_∞。

三、仪器和试剂

WZZ-2B 自动旋光仪，1 台；夹套旋光管，200 mm，1 支；501A 型超级恒温器，1 台；单孔恒温水浴锅，1 台；秒表，1 个；烧杯，100 mL，2 个；具塞三角瓶，100 mL，2 个；移液管，20 mL，1 支；容量瓶，50 mL，2 个；量筒，50 mL，1 个。

蔗糖；HCl，2 mol·L^{-1}。

四、实验步骤

(1) 恒温温度取 30 ℃，如果室温高于 27 ℃，那么室温加 3～4 ℃为恒温温度。超级恒温器如图 3-9-1 所示，检查经过旋光管的恒温水路是否正常，以及恒温桶中是否有高度约 2 cm 的水，然后按“电源”开关、“搅拌”开关。如图 3-9-2，SP 显示屏显示原来设定的恒温温度值，如果与要设定的恒温温度不一样，按回键，按▽键或△键，调节 SP 至所要设定的温度。如果离所要设定的温度较远，可长按按键快速调节，当接近所要设定的温度时，可短按按键慢点调节。调节至所设定的温度后，再按回键，PV 显示屏返回至显示实际温度。

(2) 在 100 mL 的烧杯中称取大约 15 g 蔗糖，然后加入 30 mL 实验纯水，用玻棒搅拌尽量使它溶解，接着静置数分钟待它基本澄清，再把溶液倒入 50 mL 容量瓶中，未溶解的蔗糖不要带入容量瓶，最后加实验纯水至刻度，盖上塞子；倒翻摇匀 3 次，后倒入 100 mL 的具塞三角瓶中，盖上塞子。用移液管取 2 mol · L^{-1} HCl 20 mL 加入 50 mL 容量瓶中，加入实验纯水至刻度，盖上塞子；倒翻摇匀 3 次，再倒入另一 100 mL 的具塞三角瓶中，盖上塞子。把两个三角瓶均放入超级恒温器的恒温桶中，盖上恒温桶的盖子恒温 20 min，两个三角瓶放入前要做标记以防认错。单孔电热恒温水浴锅如图 3-9-3 所示，检查锅内水面是否超出加热管上垫板 2～3 cm，开启水浴锅，如图 3-9-4，按“SET”键，看设置的恒温温度是不是 55 ℃，如果不是，按“△”、“▽”调至 55 ℃。

图 3-9-1 501A 型超级恒温器

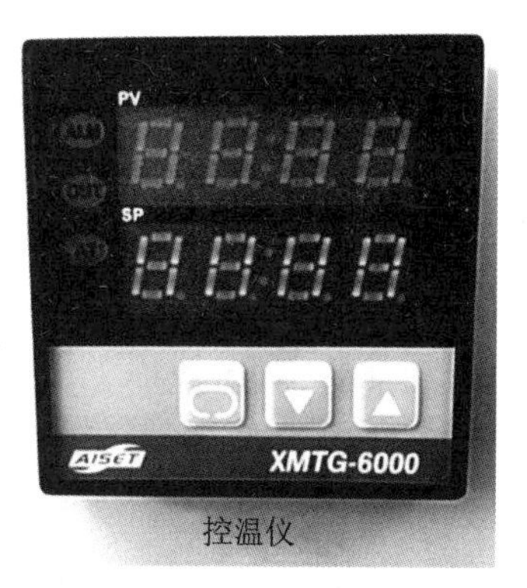

图 3-9-2 超级恒温器控温仪表盘

图 3-9-3 单孔恒温水浴锅

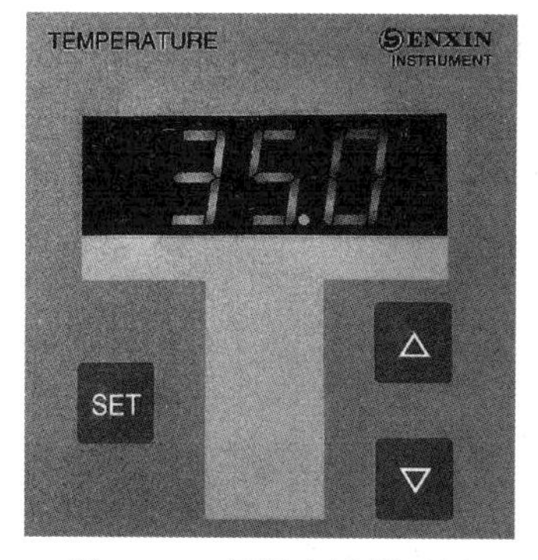

图 3-9-4 恒温水浴锅面板

(3) 如图 3-9-5，打开旋光仪的样品室盖，可看到夹套旋光管。如图 3-9-6，旋光管为两端有螺帽的玻璃管，夹套可通恒温水，恒温水由超级恒温器输出。拿起旋光管，旋下一端的螺帽，螺帽下有一玻片，在拿起螺帽时要特别小心，以免玻片掉下。向旋光管中倒入实验纯水，然后再倒出来，清洗一遍后向旋光管倒满实验纯水，螺帽连带玻片一起旋紧。旋光管外若沾有液体可用干净的布或者纸轻轻吸干。慢慢放平旋光管，如管内有气泡，气泡将会浮于旋光管的凸颈处而不会影响光路，最后把旋光管放入样品室对着光路的凹槽中，要注意旋光管要紧贴凹槽。再次检查旋光管的恒温水接口是否正常，接着盖上样品室盖。

开启自动旋光仪，液晶屏有旋光度显示，如果旋光度不为0，则按“清零”键让数值显示为0。

图 3-9-5　WZZ-2B 自动旋光仪

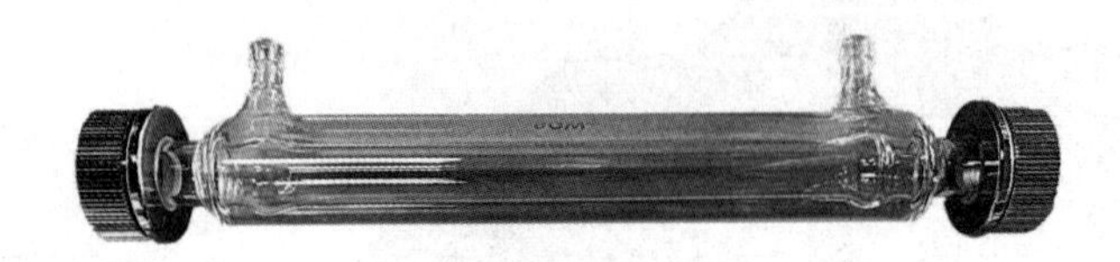
图 3-9-6　夹套旋光管

(4) 待蔗糖与 HCl 溶液恒温 20 min 后取出，把 HCl 溶液倒入蔗糖溶液，加入一半时打开秒表计时，全部加入后，盖上塞子，手抓三角瓶轻轻摇动，使其混合均匀。拿起旋光管，小心旋开螺帽，倒出实验纯水，加满反应液，然后螺帽连带玻片一起旋紧，如前所述放入样品室中，盖上样品室盖。接着每 2 min 测一次旋光度，测至 20 min，以后每 5 min 测定一次旋光度，再测 60 min。三角瓶中剩余的反应液，在开始测定旋光管中的反应液时，即放在单孔电热恒温水浴锅中恒温，待 50 min 后从恒温水浴锅中拿出，放入超级恒温器的恒温桶恒温。

(5) 待测定了 80 min 后，倒出旋光管中的反应液，然后用三角瓶中的反应液荡洗一次，接着加满三角瓶中的反应液，旋上螺帽，放于样品室中测量，所测得的旋光度即为α_∞。测定完后，倒出反应液，用实验纯水清洗旋光管一遍，后放于样品室中。

五、实验数据记录与处理

1. 实验数据记录

(1) 超级恒温器恒温温度__________。

(2) α_t 测定数据记录见表 3-9-1。

表 3-9-1　实验数据记录

t/min									…
α_t									…

(3) 最终旋光度α_∞__________。

2. 实验数据处理

(1) 计算各时间下的$\alpha_t-\alpha_\infty$和 $\ln(\alpha_t-\alpha_\infty)$，见表 3-9-2

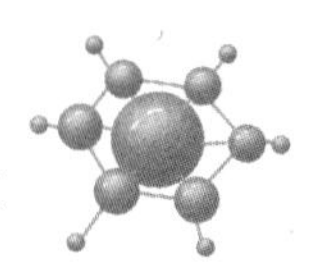

表 3-9-2 实验数据处理

t/min									…
$\alpha_t-\alpha_\infty$									…
$\ln(\alpha_t-\alpha_\infty)$									…

(2) 在 $\ln(\alpha_t-\alpha_\infty)$-$t$ 直角坐标图上描出各点，然后作直线。

(3) 在 $\ln(\alpha_t-\alpha_\infty)$-$t$ 直线上任取两点，以这两点的坐标求得直线斜率，直线斜率的负值即为反应速率常数 k。在计算中，时间以 min 为单位。

(4) 把 k 代入式(3-9-2)中，求出半衰期 $t_{1/2}$。

六、思考题

(1) 改变蔗糖的初始浓度和 HCl 的浓度，对反应速率常数和半衰期有无影响？为什么？

(2) 为什么配制溶液时蔗糖可用精确度较低的天平称量？

(3) 在混合蔗糖溶液和 HCl 溶液时，可否把蔗糖溶液加到 HCl 溶液中？为什么？

附录 9-1 自动旋光仪

旋光仪是测定物质旋光度的仪器，通过对样品旋光度的测定，可以分析确定物质的浓度、含量及纯度等。旋光仪广泛应用于农业、医疗、食品、化工等领域，比如：① 农用抗生素、农用激素、微生物农药、淀粉等成分分析；② 抗生素、维生素等药物分析，中草药药理研究，医院临床糖尿病分析；③ 食糖、味精、酱油等的生产过程控制及成品检查，食品含糖量测定；④矿物油分析、香精油分析，及石油发酵工艺监视。

WZZ-2B 自动旋光仪由上海仪电物理光学仪器有限公司生产，采用光电自动平衡原理进行旋光测量，测量结果由数字显示。

WZZ-2B 自动旋光仪的主要技术指标为：① 测量旋光度范围 $-45°\sim+45°$；② 可测样品最低透过率为 1%；③ 示值误差 $\pm0.02°(-15°\sim+15°)$，$\pm0.05°(<-15°$或$>+15°)$；④ 读数重复性(标准偏差 σ)$\leqslant0.01°$；⑤ 最小读数为 0.002°；⑥ 光源为发光二极管(LED)+滤色片，波长 589.44 nm；⑦ 旋光管长度 200 mm、100 mm。

自动旋光仪显示屏及按键如图 3-9-7 所示。仪器的一般使用方法：① 在旋光管中注入实验纯水或待测试样的溶剂，放入仪器试样室的试样槽中，按下“清零”键，使示数为 0。一般情况下不放旋光管时示数为 0，放入无旋光度溶剂后示值也为 0，但如果在测试通路上有小气泡，以及旋光管玻片上有油污等不洁物或旋得过紧，就会引起附加旋光度。② 除去空白溶剂，旋光管内腔用少量被测样品冲洗后，注入待测样品，将旋光管放入试样室的试样槽中，仪器的伺服系统动作，液晶屏显示所测的旋光度值，此时液晶屏显示“1”。③ 按“复测”键一次，液晶屏显示“2”，表示仪器显示的是第二次测量结果；再次按“复测”键，显示“3”，表示仪器显示的是第三次测量结果。按“1”“2”“3”键，可切换显示各次测量结果。按“平均”键，显示平均值，液晶屏显示“平均”。④ 按“复位”键，仪器程序初始化，显示为 0。

大多数部门对于所需测试的旋光物质，只给出在某一标准温度(例如 20 ℃)时的比旋光度值$[\alpha]_\lambda^{20℃}$，但在测试时，由于条件所限测试温度可能不是 20 ℃而是 t。通常在一定温度范围内，旋光度随温度变化而变化，并且具有良好的线性关系。

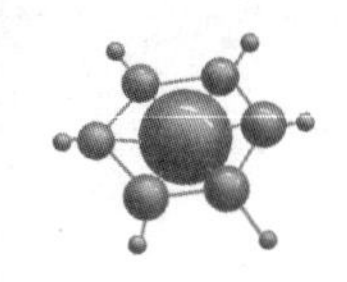

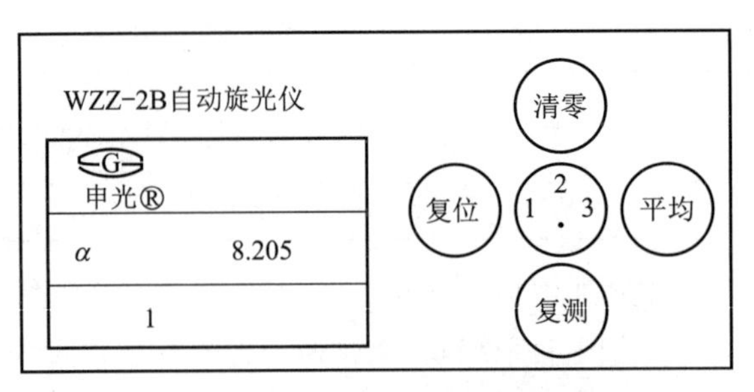

图 3-9-7 自动旋光仪显示屏及按键

$$\alpha_\lambda^t = [\alpha]_\lambda^{20\ ℃} \cdot l \cdot c \cdot [1 + k_t(t-20)] \tag{3-9-4}$$

式中，k_t 为旋光温度系数。如果要获得准确结果，又没有条件严格控制测试温度，进行温度校正是必要的。如果旋光温度系数 k_t 未知，可以在两个不同温度 t_1 和 t_2 对同一样品进行测试，获得旋光度$\alpha_\lambda^{t_1}$和$\alpha_\lambda^{t_2}$，由式(3-9-4)得

$$\frac{\alpha_\lambda^{t_1}}{\alpha_\lambda^{t_2}} = \frac{1 + k_t(t_1 - 20)}{1 + k_t(t_2 - 20)}$$

从而求得旋光温度系数 k_t。

旋光度与光源波长的依赖关系是很强的，尽管仪器使用光谱灯，但是由于不可避免的谱线背景及其他原因，有效波长还是会因使用时间太久而变化，因而有必要校正有效波长。校正使用的工具是石英校正管，标有在 589.44 nm 波长时，该校正管的旋光度值 $\alpha_{589.44}^{20℃}$，如果在温度为 t 时，仪器测得该石英校正管的示数为

$$\alpha_{589.44}^{t} = \alpha_{589.44}^{20\ ℃}[1 + 0.000144(t-20)]$$

则说明仪器光源的有效波长与 589.44 nm 一致。如果不一致，则需调整在仪器中的校正有效波长的装置，以使测量数据与石英校正管的旋光度一致。自动旋光仪拿去顶盖后的内部结构如图 3-9-8 所示，松开紧固螺钉 7，左右移动测数校正板 6，直至示数与石英校正管标准值之差在允许范围内。

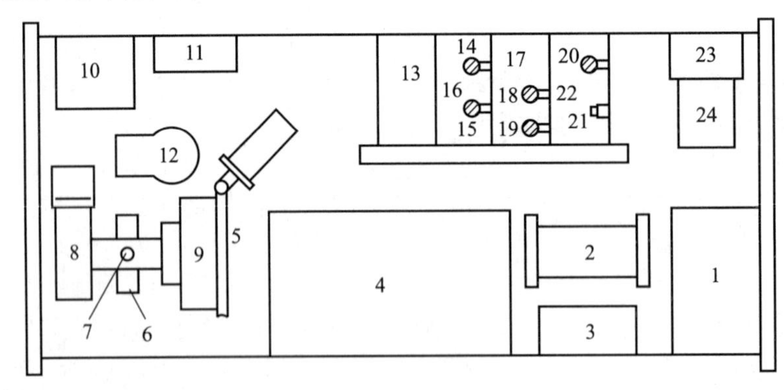

1—光源；2—法拉第线圈；3—数字显示；4—试样室；5—蜗轮组件；6—测数校正板；7—紧固螺钉；8—倍增管；9—前置印板；10—电源变压器；11—电源插座架；12—编码器；13—计数印板；14—相位调节器；15—非线性调节器；16—选频印板；17—电源功放印板；18—增益调节器；19—阻尼调节器；20—高压调节器；21—钠灯电流调节器；22—光源高压印板；23—风扇；24—散热器

图 3-9-8 自动旋光仪内部结构

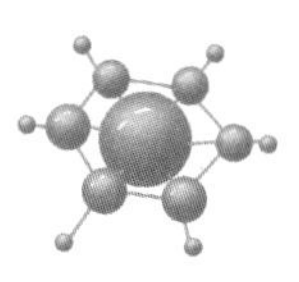

实验十　乙酸乙酯皂化反应速率常数的测定

一、实验目的

(1) 掌握电导率仪的使用方法。

(2) 掌握电导法测定乙酸乙酯皂化反应速率常数和活化能的原理和方法。

二、实验原理

乙酸乙酯($CH_3COOC_2H_5$)皂化反应的方程式是

$$CH_3COOC_2H_5 + NaOH \rightarrow CH_3COONa + C_2H_5OH$$

为处理方便,实验时反应物 $CH_3COOC_2H_5$ 和 NaOH 取相同的起始浓度 a,另设反应经 t 时间后所生成的 CH_3COONa 和 C_2H_5OH 的浓度为 x。此反应为二级反应,反应速率方程可表示为

$$\frac{dx}{dt}=k(a-x)^2 \tag{3-10-1}$$

k 为反应速率常数,对式(3-10-1)进行积分,

$$\frac{dx}{(a-x)^2}=k dt$$

$$\int_0^x \frac{dx}{(a-x)^2}=\int_0^t k dt$$

$$\frac{1}{a-x}=kt+\frac{1}{a} \tag{3-10-2}$$

由式(3-10-2)可知,只要测定不同反应时间 t 的相应的产物浓度 x,就可得到反应速率常数 k。其中,x 虽然可用化学分析方法测定,但比较麻烦。本实验采用物理方法,测定反应液随时间变化的电导率值来表征反应产物浓度。

在 $CH_3COOC_2H_5$ 皂化的反应物和产物中,$CH_3COOC_2H_5$ 和 C_2H_5OH 是有机物,只有 NaOH 和 CH_3COONa 是强电解质。在水中 NaOH 电离成 Na^+ 和 OH^-,CH_3COONa 电离成 CH_3COO^- 和 Na^+,因为 OH^- 的电导率比 CH_3COO^- 大得多,所以随反应进行,溶液中 OH^- 浓度逐渐减少,CH_3COO^- 浓度逐渐增加,溶液的电导率不断降低。在稀溶液中,溶液电导率的变化和 CH_3COONa 的浓度 x 的增加成正比,

$$x=k'(\kappa_0-\kappa_t) \tag{3-10-3}$$

如果 $t=\infty$ 时,

$$a=k'(\kappa_0-\kappa_\infty) \tag{3-10-4}$$

反应完成时,$x=a$。式中 κ_0 为 $t=0$ 时的初始电导率,κ_t 为 t 时的电导率,κ_∞ 为反应终了的电导率,k' 为比例常数。由式(3-10-2)可化得

$$\frac{x}{a(a-x)}=kt$$

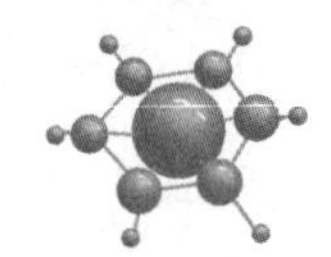

把式(3-10-3)和式(3-10-4)代入上式,得

$$\frac{\kappa_0-\kappa_t}{a(\kappa_t-\kappa_\infty)}=kt$$

化解得

$$\kappa_t=\kappa_\infty+\frac{\kappa_0-\kappa_t}{akt} \tag{3-10-5}$$

初始电导率 κ_0 由 NaOH 溶液用实验纯水稀释一倍测得,因为未反应时 $CH_3COOC_2H_5$ 和 NaOH 中只有 NaOH 有电导,且浓度被冲稀一倍。实验中除测定 κ_0 外,主要是测定反应液随时间 t 变化的电导率值 κ_t。在数据处理时,以 κ_t 为 y 轴,$\frac{\kappa_0-\kappa_t}{t}$ 为 x 轴,作直线图,直线斜率即为 $\frac{1}{ak}$。把 a 代入即得反应速率常数 k,a 应为 NaOH 及 $CH_3COOC_2H_5$ 原溶液浓度的一半,因为混合后各冲稀一倍。

根据阿伦尼乌斯方程(Arrhenius equation)

$$\ln\frac{k_2}{k_1}=\frac{E_a(T_2-T_1)}{RT_1T_2} \tag{3-10-6}$$

测定两个不同温度的反应速率常数 k,即求得反应活化能 E_a。

三、仪器和试剂

DDSJ-308A 型电导率仪,1 台;HK-1D 玻璃恒温水槽(图 3-7-1、图 3-7-2),1 台;计算机,1 台;打印机,1 台;BRAND 移液器,0.25 mL,1 支;洗耳球,1 个;试管,1 支;双管反应器(图 3-10-1),1 个;移液管,20 mL,3 支;烧杯,100 mL,2 个;容量瓶,100 mL,1 个;有孔塞子,1 个;塞子,3 个;洗瓶,1 个。

NaOH,0.02 $mol \cdot L^{-1}$,新鲜配制;$CH_3COOC_2H_5$;实验纯水,新鲜制取。

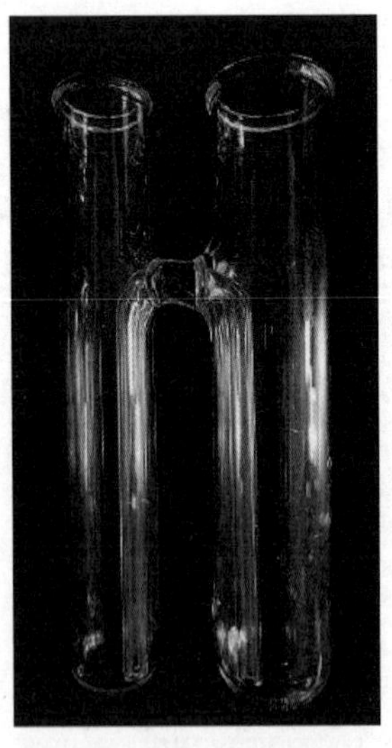

图 3-10-1　双管反应器

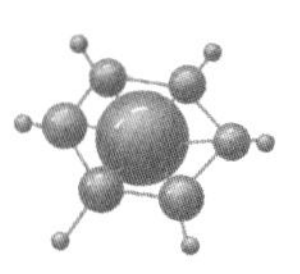

四、实验步骤

（1）如果室温低于 23 ℃，则取恒温温度为 25 ℃；如果高于 23 ℃，则取恒温温度比室温高 2～3 ℃。开启玻璃恒温水槽，调节搅拌调速旋钮，使搅拌器以适当的速度搅拌。在玻璃恒温水槽上按“设定”进入设定状态，接着按下“×10”键到最大值，再多按 1 下将数字清零，再通过“＋1”“－1”“×10”三个键设置恒温温度，比如 25 ℃，先按 2 下“＋1”显示 00.02，接着按 1 下“×10”显示 00.20，再按 5 下“＋1”显示 00.25，然后按 2 下“×10”显示 25.00。恒温温度设置好后，按“设定”进入恒温控制。

（2）0.02 mol·L^{-1} $CH_3COOC_2H_5$ 用 100 mL 容量瓶进行配制，所需乙酸乙酯质量 m＝0.17622 g，根据式（3-10-7）计算 $CH_3COOC_2H_5$ 密度，然后得知体积。

$$\rho=0.92454-1.168\times10^{-3}\times t-1.95\times10^{-6}\times t^2 \qquad (3\text{-}10\text{-}7)$$

ρ 单位为 g·cm^{-3}，t 为室温。在移液器（图 3-10-2、图 3-10-3）的端口套上塑料吸头，旋转体积设定旋钮调节吸液示数为所需体积数；从试剂瓶中倒出少量的 $CH_3COOC_2H_5$ 到一干净烧杯中，用移液器从烧杯中吸取 $CH_3COOC_2H_5$ 到已加半杯水的 100 mL 烧杯中（移液器吸液时是压下侧面移液杆并松开，压液时也是压下移液杆），接着把溶液倒入容量瓶并加实验纯水至刻度，盖上塞子，倒翻 5 次摇匀。

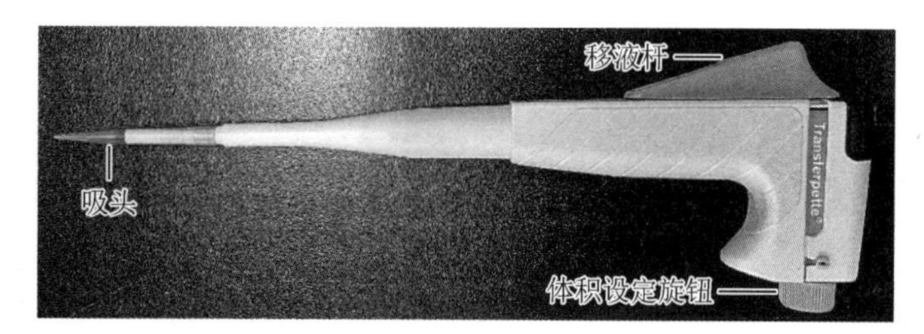

图 3-10-2　移液器

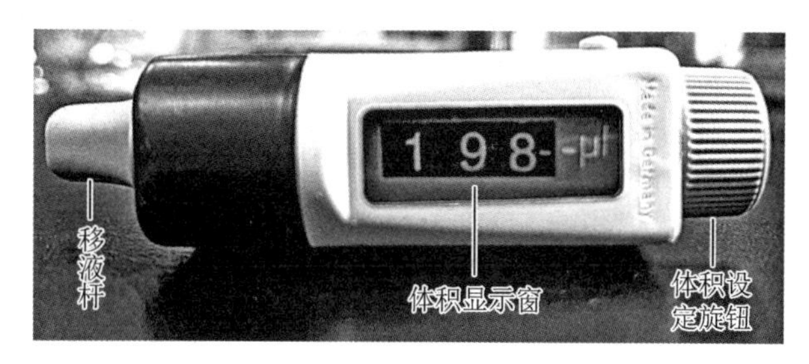

图 3-10-3　移液器顶部

（3）用移液管量取 20 mL 0.02 mol·L^{-1} NaOH 溶液和 20 mL 实验纯水放于 100 mL 的烧杯中，用玻棒搅拌混合均匀，倒入绑有铜芯胶线的试管中，盖上橡皮塞，然后把试管挂在玻璃恒温水槽的铁架上，使试管里的溶液液面低于恒温水液面。在双管反应器的小管中加入 20 mL 0.02 mol·L^{-1} $CH_3COOC_2H_5$ 溶液，在较大的管中加入 20 mL 0.02 mol·L^{-1} NaOH 溶液，两管口均塞橡皮塞，然后把反应器挂在玻璃恒温水槽的铁架上，使反应器里的溶液液面低于恒温水液面，装好溶液的试管和双管反应器均恒温 15 min。

（4）按电导率仪“ON/OFF”键（图 3-10-4），先注意“模式”是否为“电导率”，如果不

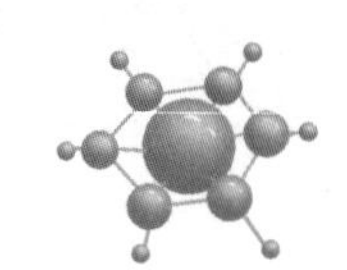

是，按“模式”键调到“电导率”；接着注意 K 的值是否与电导电极上所标一致，如果不是，按“电极常数”键调节，并按“确认”键。注意电导率仪的温度传感器是否插在玻璃恒温水槽铁架上的插孔中，如果没有，请插上。开启计算机，在显示屏桌面上打开“电导率仪数据采集软件”，软件页面最上方有“文件”“编辑”“设置”“记录”“关于”5 个菜单项(图 3-10-5)。点击“设置”菜单项，点击“开始通讯”，数字显示区就开始显示数值。注意电子表格区的测试参数是否为日期、时间、电导率、温度，如果不是，点击“设置”菜单项中的“记录数据”，选择“已选参数”。注意数字显示区电导率示值的单位是否为 mS/cm，分辨率是否为 0.01；如果不是，点击“已选参数”中的“电导率”，再点击“编辑”进行选择。

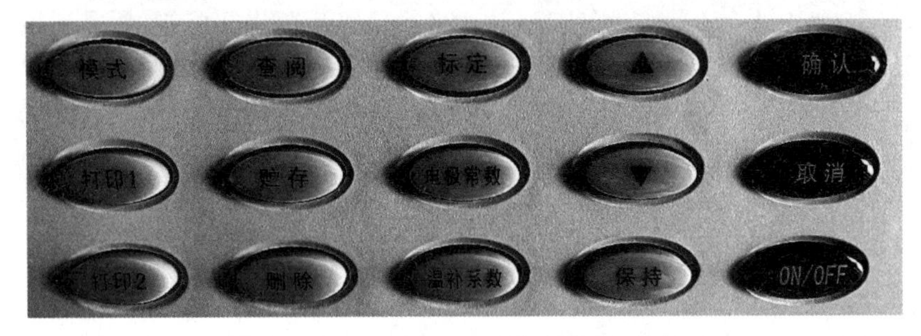

图 3-10-4　DDSJ-308A 电导率仪面板

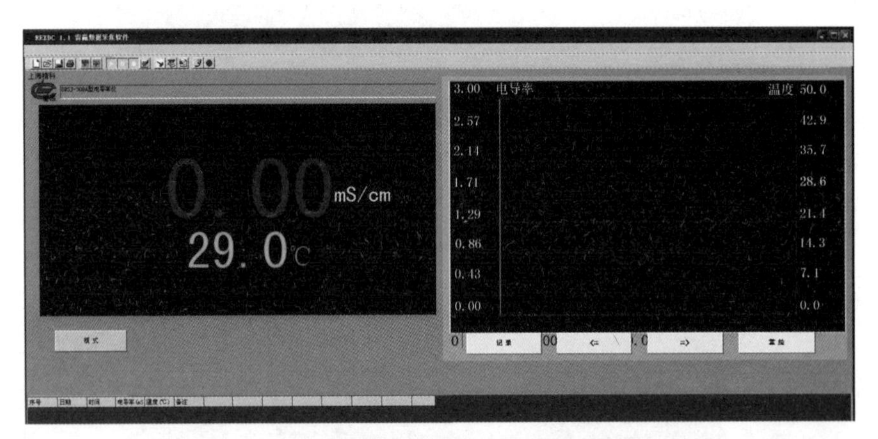

图 3-10-5　电导率仪数据采集软件页面

(5) 待试管溶液恒温 15 min 后，电导电极插入大试管中，电导仪上的示值即为初始电导率 κ_0，点击“记录”菜单项中的“记录单个数据”，电导率数据将记录到电子表格。把电导电极从溶液中拿出，用实验纯水淋洗一遍，用滤纸吸干水后挂于电极架上，请注意铂黑电极表面不能擦拭。点击软件系统“设置”菜单项中的“自动记录”，在弹出的“输入记录时间间隔”小窗口输入“120”并点击“确定”。待双管反应器溶液恒温 15 min 后，把两个塞子拿掉，在小管上换用有孔橡皮塞，洗耳球紧贴孔口向内压气，乙酸乙酯溶液压过一半时，点击“记录”菜单项中的“开始”，溶液全部压过去后再吸回来，这样反复三四次，最后把反应液全部压入大管中；接着插入带塞的电导电极，小管管口也用无孔橡皮塞塞好。软件系统将每 2 min 自动记录一次电导率值，在记录 15 次后，点击“记录”菜单项中的“停止”。

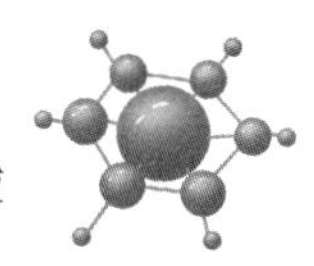

(6) 第一次恒温温度加 10 ℃作为第二次恒温温度，依上法测定第二次恒温温度下的 κ_0 及 κ_t 数值。电导率测定完成后，点击软件系统“文件”菜单项中的“保存”，保存在“我的文档”中，文件名为“实验者姓名”。点击“文件”菜单项中的“打印”，在弹出的“打印”窗口中的“表格名称”处填写“乙酸乙酯皂化反应速率常数的测定”，并点击“确定”打印，在打印表格的“备注”栏注明初始电导率和开始反应时间，对反应溶液混合期间可能出现的无效数据也进行注明。

五、实验数据记录与处理

1. 实验数据记录

κ_0、t-κ_t 实验数据打印件。

2. 实验数据处理

(1) 第一次恒温温度________，κ_0 ________。数据记录与处理见表 3-10-1。

表 3-10-1 第一次恒温数据记录与处理

t/min									…
κ_t									…
$\frac{\kappa_0-\kappa_t}{t}$									…

第二次恒温温度________，κ_0 ________。数据记录与处理见表 3-10-2。

表 3-10-2 第二次恒温数据记录与处理

t/min									…
κ_t									…
$\frac{\kappa_0-\kappa_t}{t}$									…

(2) 在坐标图上分别作两次恒温温度下 κ_t-$\frac{\kappa_0-\kappa_t}{t}$ 的直线图。

(3) 在 κ_t-$\frac{\kappa_0-\kappa_t}{t}$ 两直线上分别任取两点，以两点的坐标分别求得两直线的斜率 k_1' 和 k_2'。

(4) 根据式(3-10-5)

$$k_1'=\frac{1}{ak_1}$$

$$k_2'=\frac{1}{ak_2}$$

a 为 0.01 mol·L^{-1}，代入即可求得两温度下的反应速率常数 k_1 和 k_2。

(5) 把两恒温绝对温度 T_1、T_2 和 k_1、k_2 代入式(3-10-6)，即得 E_a。

六、思考题

(1) 本实验为什么可用测定反应液的电导率变化代替浓度的变化？

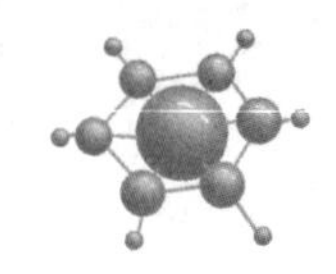

(2) 为什么 $CH_3COOC_2H_5$ 溶液和 NaOH 溶液必须足够稀?

(3) 配制 $CH_3COOC_2H_5$ 溶液时,为什么在烧杯中要先加入适量的水?

(4) 测 κ_0 时为什么只测 NaOH 溶液的电导率,而且测量时必须把浓度冲稀一半呢?

(5) 各溶液在恒温及测定时为什么要盖上塞子?

附录 10-1 电导率仪

DDSJ-308A 型电导率仪由上海仪电分析仪器有限公司生产,是一台智能型的实验室常规分析仪器,适用于实验室精确测量水溶液的电导率、总溶解固态量(TDS),也可用于测量纯水的纯度、测定海水淡化处理中的含盐量。仪器具有以下特点:① 配有温度传感器,可同时测定样品的温度;② 采用微处理技术,具有自动温度补偿、自动校准、量程自动切换等功能;③ 具有标定功能,可标定电极常数或 TDS 转换系数;④ 配有 RS-232C 接口,可与计算机通信。

DDSJ-308A 型电导率仪的主要技术指标:

(1) 电导率测量范围为 $0\sim1.999\times10^5$ $\mu S\cdot cm^{-1}$,共分六挡量程,量程间可自动切换:① $0\sim1.999$ $\mu S\cdot cm^{-1}$;② $2.00\sim19.99$ $\mu S\cdot cm^{-1}$;③ $20.0\sim199.9$ $\mu S\cdot cm^{-1}$;④ $200\sim1999$ $\mu S\cdot cm^{-1}$;⑤ $2.00\sim19.99$ $mS\cdot cm^{-1}$;⑥ $20.0\sim199.9$ $mS\cdot cm^{-1}$。

(2) TDS 测量范围为 $0\sim99900$ $mg\cdot L^{-1}$,分五挡量程并可自动切换:① $0\sim10.00$ $mg\cdot L^{-1}$;② $10.0\sim100.0$ $mg\cdot L^{-1}$;③ $100\sim1000$ $mg\cdot L^{-1}$;④ $1.00\sim10.00$ $g\cdot L^{-1}$;⑤ $10.0\sim99.90$ $g\cdot L^{-1}$。

(3) 盐度测量范围:盐的质量分数$0.0\sim80.0\times10^{-3}$。

(4)温度测量范围:$-5.0\sim105.0$ ℃。

测量高电导率要采用大常数的电导电极,各电导率范围所对应的电极常数如表 3-10-3所示,各 TDS 范围所对应的电极常数如表 3-10-4 所示。测量盐度时,一般采用电极常数为 10 的电导电极,1.00%以下盐度也可选用电极常数为 1.0 的铂黑电导电极。电导电极出厂时,每支电极都标有电极常数值,电极装配在电导率仪上后需将此值输入仪器。在电导率测量状态下,按“电极常数”键,仪器显示如图 3-10-6 所示,“选择”是选择电极常数挡次,五种挡次分别为 0.01、0.1、1.0、5.0、10.0;“调节”指调节当前挡次下的电极常数值;用“▲”或“▼”键即可选择挡次或调节常数;按“确认”键,存入调节后的电极常数值并返回测量状态,在测量状态中即显示此电极常数值。在 TDS 测量状态下,有时候需设置 TDS 的转换系数,按“电极常数”键,仪器显示如图 3-10-7 所示,用“▲”或“▼”键修改转换系数;按“确认”键,保存设置的转换系数值并返回测量状态。转换系数是指 TDS 相对电导率的换算系数,可以在 0.3～1.0 之间调节,以对应不同种类的电解质溶液。

表 3-10-3　电导率范围及对应电极常数推荐表

电导率范围/($\mu S\cdot cm^{-1}$)	电阻率范围/($\Omega\cdot cm$)	推荐电极常数/cm^{-1}
0.05～2	20M～500k	0.01,0.1
2～200	500k～5k	0.1,1.0

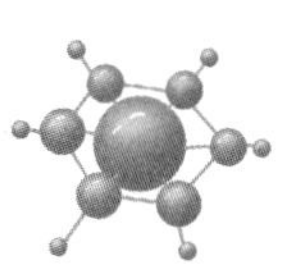

续表

电导率范围/(μS·cm^{-1})	电阻率范围/(Ω·cm)	推荐电极常数/cm^{-1}
200～2000	5k～500	1.0
2000～20000	500～50	1.0,10
20000～200000	50～5	10

表 3-10-4　TDS 范围及对应电极常数推荐表

TDS 范围/(mg·L^{-1})	电导率范围/(μS·cm^{-1})	推荐电极常数/cm^{-1}
0～1000	0～2000	1.0
1000～10000	2000～20000	1.0,10
10000～19990	20000～40000	10

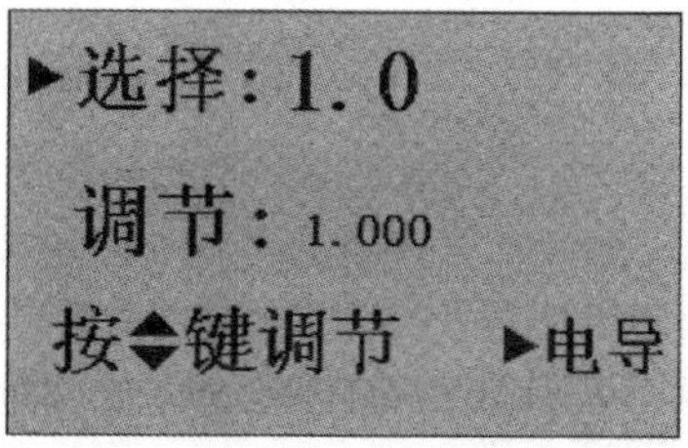

图 3-10-6　电极常数调节

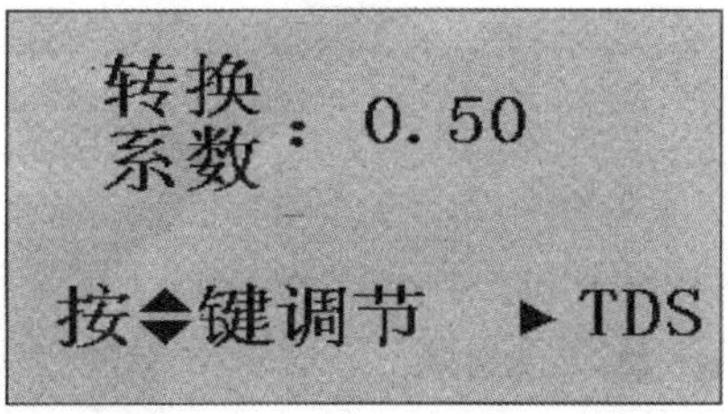

图 3-10-7　TDS 转换系数调节

在电导率及 TDS 测量时，接上温度传感器，仪器自动按设定的温度系数将电导率补偿到 25.0 ℃时的值；不接温度传感器，仪器显示待测溶液未经补偿的原始电导率值。在盐度测量时，接上温度传感器，仪器自动将盐度补偿到 18.0 ℃时的值；不接温度传感器，仪器显示待测溶液未经补偿的盐度值。

实验十一　丙酮碘化反应速率方程的测定

一、实验目的

(1) 掌握可见分光光度计的使用方法。

(2) 初步认识复杂反应机理，加深对复杂反应特征的理解。

(3) 学会应用分光光度法测定复杂反应的反应级数和反应速率方程。

二、实验原理

丙酮碘化反应是一个复杂反应，H^+ 对它有催化作用，反应式为

$$CH_3COCH_3 + I_2 \xrightarrow{H^+} CH_3COCH_2I + I^- + H^+$$

假定反应速率方程为

$$v = \frac{-dc_{I_2}}{dt} = kc_A^p c_{I_2}^q c_{H^+}^r$$

式中，v 为反应速率，c_A、c_{I_2}、c_{H^+} 分别为丙酮(CH_3COCH_3)、碘(I_2)、氢离子(H^+)的浓度，k 为反应速率常数，指数 p、q、r 分别为丙酮、碘、氢离子的反应级数。这个实验的任务就是测定 k、p、q、r 的具体数值，从而确定丙酮碘化反应的速率方程。

实验通过改变物质数量比例的方法，求得反应级数 p、q、r。比如 q，可通过两次实验的比较求得，保持 c_A、c_{H^+} 不变，c_{I_2} 成两倍关系，则

$$\frac{v_1}{v_2} = \frac{c_{I_2}^q}{\left(\frac{c_{I_2}}{2}\right)^q} = 2^q$$

$$q = \frac{\lg \frac{v_1}{v_2}}{\lg 2}$$

如果知道 v，即可求得 q，求 p、r 亦相同。

$$v = \frac{-dc_{I_2}}{dt}$$

如果能测定反应的各个时刻 t 下的 c_{I_2}，就能知道 v 值。因为反应是持续进行的，要通过化学方法测定各个时刻下的 c_{I_2} 是比较困难的，可以考虑物理方法。因为碘在可见光区有一个比较宽的吸收带，而丙酮和盐酸在这吸收带中对光基本上没有吸收，所以可以通过测定反应液各个时刻的吸光度来获得各个时刻的 c_{I_2}。吸光度 A 与 c_{I_2} 的关系遵循朗伯-比尔定律，

$$A = Klc_{I_2} \tag{3-11-1}$$

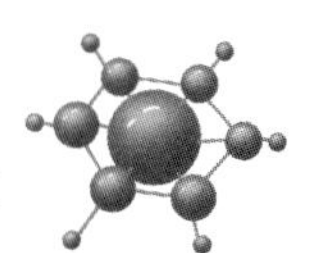

l 为比色皿光径长度，K 为吸收系数，在波长、温度、溶剂等条件相同时 K 相同，通过测定已知浓度的碘溶液吸光度可求得 Kl。本实验的测定波长，是对 0.001 $mol \cdot L^{-1}$ 和 0.002 $mol \cdot L^{-1}$ 碘溶液进行波长扫描，根据波长扫描图谱选择 460 nm。虽然可通过碘的吸光度观察反应的进程，但要得到 v 的准确值是有难度的，如果能设计一种实验方案使 v 与 c_{I_2} 成线性关系，那么就能方便地得出 v 值。设定丙酮碘化反应的条件为丙酮和盐酸的浓度比碘的浓度大得多，反应完成时 c_A、c_{H^+} 还基本保持不变，而反应速率 v 将与 I_2 的浓度无关，因此 v 与 c_{I_2} 将成线性关系。因为

$$v=\frac{-dc_{I_2}}{dt}=\frac{-dA}{dt}\cdot\frac{1}{Kl}$$

所以只要作 A-t 直线图，其直线斜率的负值除以 Kl，即为反应速率 v。

按表 3-11-1 的试剂量，在 50mL 容量瓶中分别配制 4 种不同的反应液，测定其反应过程中吸光度的变化，从而求得反应速率方程。

表 3-11-1 测定丙酮碘化反应速率方程实验方案

序号	0.01 $mol \cdot L^{-1}$ 碘体积/mL	0.5 $mol \cdot L^{-1}$ 盐酸体积/mL	2 $mol \cdot L^{-1}$ 丙酮体积/mL
1	10	5	10
2	5	5	10
3	10	5	5
4	10	10	10

首先根据测得的 0.001 $mol \cdot L^{-1}$ 和 0.002 $mol \cdot L^{-1}$ 碘的吸光度求得 Kl，然后作 1～4 号反应液的 A-t 直线图，分别求出直线斜率 K_1'、K_2'、K_3'、K_4'，因为

$$v=\frac{-dA}{dt}\cdot\frac{1}{Kl}=-K'\cdot\frac{1}{Kl} \tag{3-11-2}$$

所以由 1～4 号反应液的 A-t 直线斜率，即可求得 p、q、r 值。根据实验设计方案，q 理论上为零，但为了客观反映实验结果，q 还是进行实验测定。

在 1～4 号反应液中，选择一种反应液，求出反应速率常数 k。比如，把 1 号反应液 v_1 和相应的 c_A、c_{I_2}、c_{H^+} 及 p、q、r 代入

$$v=kc_A^p c_{I_2}^q c_{H^+}^r \tag{3-11-3}$$

即可求得反应速率常数 k，从而得到丙酮碘化反应速率方程。由于 c_A、c_{H^+} 比 c_{I_2} 大得多，c_A、c_{H^+} 可以用 1 号反应液的初始浓度计算，而 c_{I_2} 取反应进程的平均值，以初始浓度一半计算。

实验所得到的反应速率方程是在 c_A、c_{H^+} 比 c_{I_2} 大得多的情况下得到的，所以也只有在这种条件下，这个反应速率方程才能成立。在 c_{I_2} 与 c_A、c_{H^+} 差不多时或 c_{I_2} 比 c_A、c_{H^+} 大得多时，情况又将如何呢？这有待其他实验去研究。这个实验只是对反应机理进行初步研究探讨，使实验者对反应机理的研究有些初步概念。

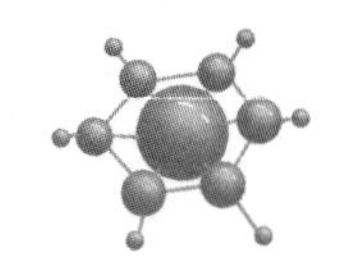

三、仪器和试剂

7230G 可见分光光度计，1 台；恒温比色皿架，1 只；10 mm 比色皿，1 只；501A 型超级恒温器（图 3-9-1、图 3-9-2），1 台；计算机，1 台；打印机，1 台；洗耳球，1 只；棕色容量瓶，50 mL，6 个；具塞三角瓶，100 mL，2 个；刻度移液管，10 mL，3 支；量筒，50 mL，2 个。

碘标准溶液，0.01 $mol \cdot L^{-1}$；丙酮溶液，2 $mol \cdot L^{-1}$；盐酸，0.5 $mol \cdot L^{-1}$。

四、实验步骤

（1）恒温温度取 30 ℃，如果室温高于 27 ℃，那么室温加 3～4 ℃为恒温温度。按超级恒温器的“电源”开关、“搅拌”开关，按键指示灯亮起。仪表盘 SP 显示屏显示原来设定的恒温温度值，如果与要设定的恒温温度不一样，按◎键，按▽键或△键，调节 SP 至所要设定的温度。如果离所要设定的温度较远，可长按按键快速调节，当接近所要设定的温度时，可短按按键慢点调节。调节至所设定的温度后，再按◎键，PV 显示屏返回至显示实际温度。

（2）7230G 分光光度计如图 3-11-1 所示，打开样品室（图 3-11-2），先确认样品室中除恒温比色皿架外无其他东西，并注意恒温比色皿架及通水胶管有无漏水现象，然后盖上样品室门，接着开启分光光度计，仪器进入系统自检，在系统自检期间一定不能打开样品室门，仪器预热 30 min 后可开始测试。

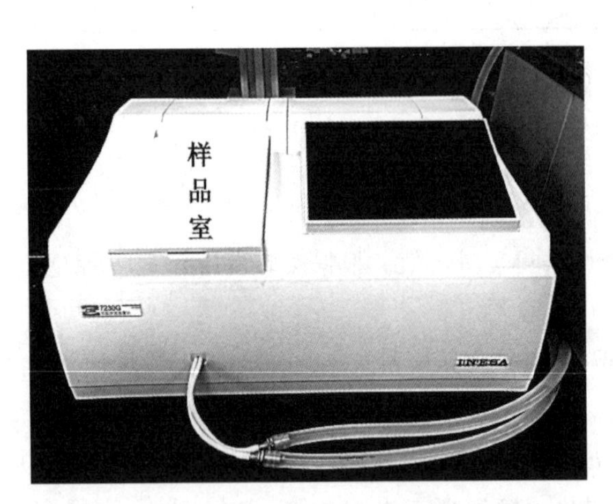

图 3-11-1　7230G 分光光度计

图 3-11-2　分光光度计样品室

（3）如表 3-11-2，配制恒温样品溶液，其中 A 号、B 号为配制 0.001 $mol \cdot L^{-1}$ 和 0.002 $mol \cdot L^{-1}$ 碘溶液，在实验纯水加至刻度盖上塞子后，倒翻摇匀 3 次。上述溶液配制完后，打开超级恒温器上恒温桶的盖子，注意恒温桶中是否有大约 1 cm 高度的水，把 8 个瓶子都放入恒温桶中，盖上盖子，恒温 30 min 后再开始测定。

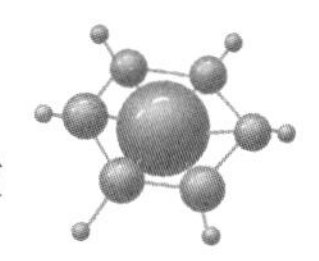

表 3-11-2 恒温样品配制表

瓶子	瓶子标示	0.01 mol·L^{-1} 碘体积/L	0.5 mol·L^{-1} 盐酸体积/L	2 mol·L^{-1} 丙酮体积/L	实验纯水体积/L
50 mL 棕色容量瓶	A	5	0	0	加至容量瓶刻度
50 mL 棕色容量瓶	B	10	0	0	加至容量瓶刻度
50 mL 棕色容量瓶	1	10	5	0	20
50 mL 棕色容量瓶	2	5	5	0	25
50 mL 棕色容量瓶	3	10	5	0	25
50 mL 棕色容量瓶	4	10	10	0	15
100 mL 具塞三角瓶	丙酮	0	0	80	0
100 mL 具塞三角瓶	实验纯水	0	0	0	80

(4) 开启计算机,打开计算机桌面上"UV"软件,进入测试首页。如图 3-11-3,点击右下角"波长移动",弹出"输入波长值"小窗口,输入"460",点击"OK"。在测试首页左上角,列有分光光度计 5 种工作模式,点击"定波长测试",进入定波长测试页面,在表格上部有"样品名称"栏,填入"碘溶液 AB"。比色皿两面为毛玻璃,两面为透明玻璃,拿比色皿时手抓在毛玻璃上,在比色皿架中对准光路的为透明玻璃。比色皿加入实验纯水至四分之三高度左右,透明玻璃上如果沾有液体可用滤纸吸干。打开分光光度计样品室门,把装有实验纯水的比色皿放入恒温比色皿架上中间的比色槽,此比色槽对着光路。在本实验中比色皿始终放于此槽,最后盖上样品室门。

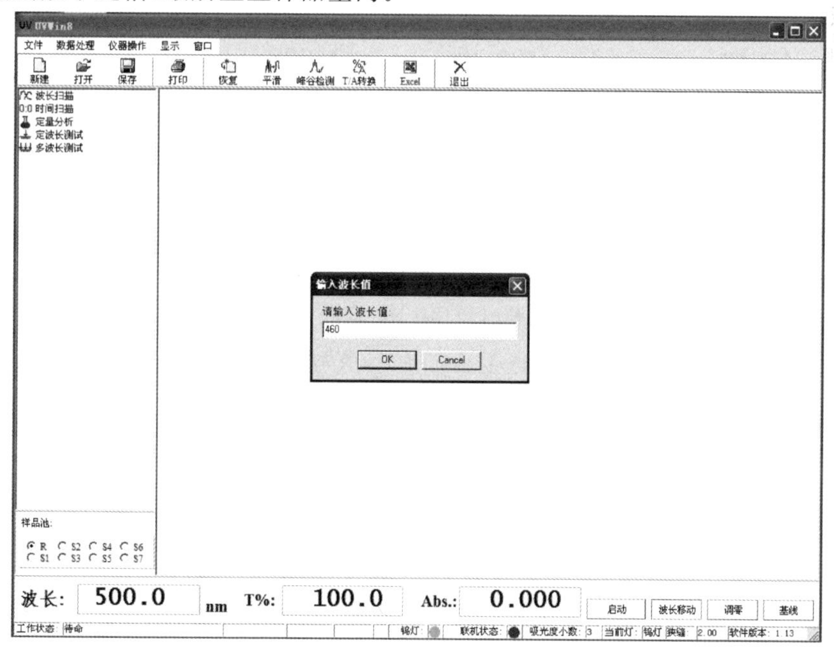

图 3-11-3 分光光度计 UV 测试首页

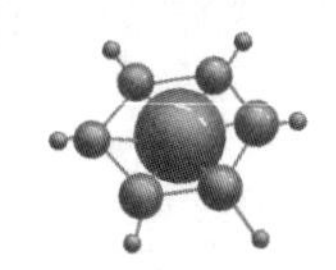

(5) 恒温桶中的溶液恒温 30 min 后，在定波长测试页面(图 3-11-4)，点击表格右边的“调零”自动调零。待 Abs 显示 0.000 后，从比色皿架中拿出比色皿，倒净实验纯水；接着从恒温桶中拿出 A 号容量瓶，先盖好恒温桶盖子，然后用瓶中的碘溶液荡洗一遍比色皿，并在比色皿中装入约四分之三高度的溶液，再放入比色皿架中盖上样品室门；稍等一会儿，待数显稳定后，点击测试页面表格右边的“取值”，在表格的备注栏标明“恒温温度＋瓶号”，如“30 度 A”；接着取出 B 号瓶，如上测其吸光度。点击表格右边的“打印”，点击表格右边的“保存”，弹出“另存为”窗口，输入“实验者姓名＋AB”作为文件名，点击“保存”。

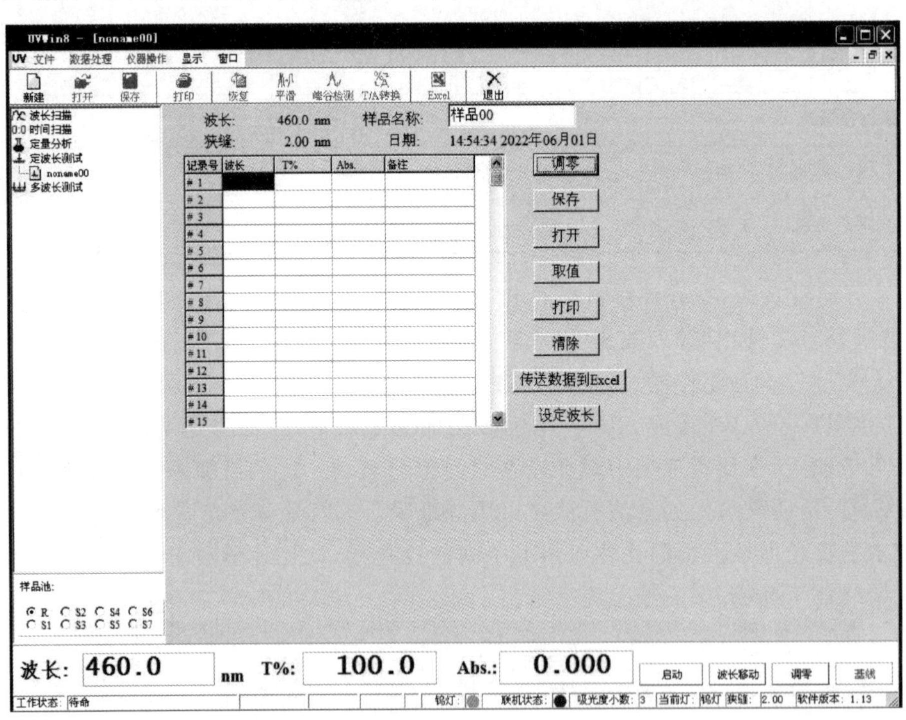

图 3-11-4　分光光度计 UV 定波长测试页面

(6) 在测试首页左上角，点击“时间扫描”，进入时间扫描页面。如图 3-11-5，在页面右上角有参数设置，设置测量模式 Abs，延时为 1，扫描总时为 600，纵坐标范围为 −0.1～1.0，扫描间隔为 1.0，扫描次数为 01，时间间隔为 1。从恒温桶中拿出 1 号容量瓶和装丙酮、实验纯水的两个三角瓶，如表 3-11-3，用 10 mL 移液管从三角瓶中吸取丙酮溶液 10 mL，加入 1 号瓶中，加入一半时点击页面右下角“启动”，开始计时，待丙酮溶液全部加入后，用三角瓶中的实验纯水加至容量瓶刻度，倒翻摇匀 3 次。从比色皿架拿出比色皿，倒出比色皿中的溶液，然后用 1 号瓶中的反应液荡洗一遍，接着倒反应液至比色皿约四分之三高度；然后放入比色皿架上中间的样品槽，盖上样品室门，把装丙酮溶液和实验纯水的三角瓶再拿回恒温桶中恒温。扫描完后，点击页面左上角的二级菜单“保存”，弹出“另存为”窗口，输入“实验者姓名＋瓶号”作为文件名，点击“保存”。点击页面左上角的二级菜单“新建”，然后测定 2 号反应液，接着继续测定 3 号、4 号反应液，在测定之前也必须点击“新建”。

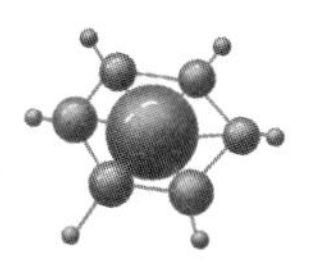

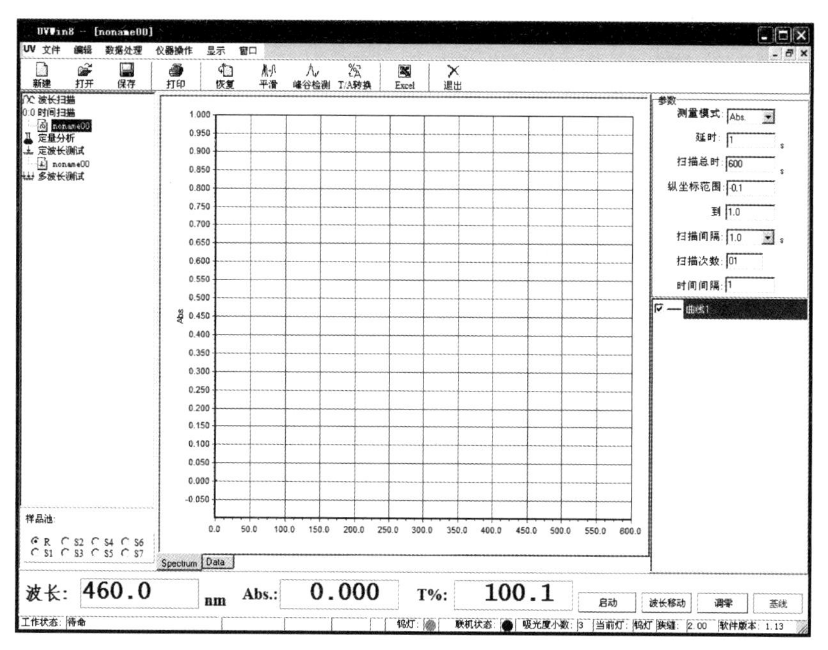

图 3-11-5 分光光度计 UV 时间扫描页面

表 3-11-3 测试样品中丙酮溶液添加量

反应液编号	1	2	3	4
2 $mol \cdot L^{-1}$丙酮体积/mL	10	10	5	10

(7) 测完 4 号反应液后，点击“新建”，点击页面左上角一级菜单“数据处理”，在下拉菜单中点击“图谱合并”，弹出“UV 图谱合并”窗口(图 3-11-6)，点击左框 1 号反应液的时间扫描图谱，然后点击“>>”，再依次选择其他 3 种反应液的图谱进入右框，最后点击“确定”，4 种反应液图谱就合成一张图。点击页面左上角二级菜单“打印”，弹出“输入”小窗口，输入“实验者姓名”为图谱名，点击“OK”，并对打印件的曲线进行标注。点击“保存”，弹出“另存为”窗口，保存在“我的文档”，文件名输入“实验者姓名”，点击“保存”。实验完成后，清洗比色皿，并放入比色皿盒中。

五、实验数据记录与处理

1. 实验数据记录

(1) A 号、B 号碘溶液的定波长测试吸光度打印件。

(2) 1 号、2 号、3 号、4 号反应液时间扫描图谱合成图打印件。

2. 实验数据处理

(1) 根据式(3-11-1)，求出 Kl。

(2) 在直角坐标图上作 1～4 号反应液的 A-t 直线，然后分别在直线上任取两点，以两点的坐标求得各直线的斜率 K_1'、K_2'、K_3'、K_4'。

(3) 根据式(3-11-2)，用 A-t 各直线的斜率即可求得 p、q、r。

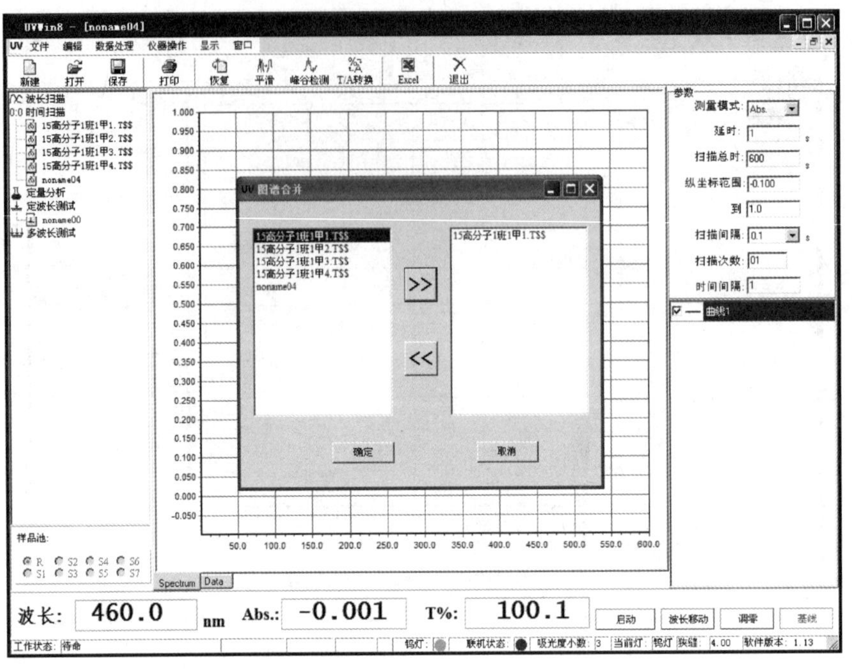

图 3-11-6　分光光度计 UV 时间扫描图谱合并操作

$$q=\frac{\lg\dfrac{v_1}{v_2}}{\lg2}=\frac{\lg\dfrac{K_1'}{K_2'}}{\lg2}$$

$$p=\frac{\lg\dfrac{v_1}{v_3}}{\lg2}=\frac{\lg\dfrac{K_1'}{K_3'}}{\lg2}$$

$$r=\frac{\lg\dfrac{v_4}{v_1}}{\lg2}=\frac{\lg\dfrac{K_4'}{K_1'}}{\lg2}$$

（4）1 号反应液的反应速率

$$v_1=-K_1'\cdot\frac{1}{Kl}$$

把 v_1 和相应的 c_A、c_{I_2}、c_{H^+} 以及 p、q、r 代入式(3-11-3)中，求出反应速率常数 k。

（5）把 k、p、q、r 代入式(3-11-3)，即得实验恒温温度下的丙酮碘化反应速率方程。

六、思考题

（1）在本实验中，如果将丙酮溶液加入反应液的容量瓶时并不开始计时，而是等到把样品放入分光光度计中再计时，这样做是否可行？为什么？

（2）能否将碘溶液、丙酮溶液和盐酸溶液一起加入容量瓶中？为什么？

（3）在本实验中，为什么可以认为丙酮和酸的浓度基本保持不变？

（4）实验时用分光光度计测量什么物理量？它和碘浓度有什么关系？

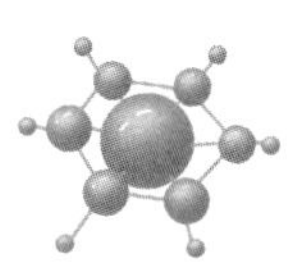

附录 11-1 超级恒温器

501A 型超级恒温器由上海实验仪器厂生产，适用于生物、化学、物理、植物、化工等科学研究中做精密恒温之用。501A 型超级恒温器由 501 型改进而来，主要改进部分是由水银温度计、接触温度计、继电器组成的温度显示控制系统，改为数字温度显示和智能控温。501A 型超级恒温器配备 XMT-6000 智能型数字显示温度控制器，PID 参数可自动调整，是一种智能化仪表。

501A 型超级恒温器的主要技术指标为：① 温度调节范围为室温+5～95 ℃；② 恒温波动度±0.05 ℃以内；③ 水平温度均匀度±0.05 ℃以内；④ 垂直温度均匀度±0.10 ℃以内；⑤ 电动机功率 40 W；⑥ 水泵流量 6 $L \cdot min^{-1}$；⑦ 电加热器功率 1500 W。

超级恒温器的结构是金属方形，盖板为酚纤玻璃丝压制而成，板上装有电动机和水泵一套，恒温水进出连接口两只，冷凝水进出连接口两只。仪器外壳以钢板制成，喷塑作防腐层，内壳用不锈钢板制成，内外壳之间由空气保温，浴槽内还装有恒温桶一只。控制线路均装在控制盒内，附于恒温器的右侧，控制盒上有插座，做控制部分连接之用。

501A 型超级恒温器的部分结构简介：① 电加热器：加热器为管状电加热器，固定于面板上，不可在恒温器未注入液体时通电加热，否则会因温度过高而损毁加热器。加热器盖板有电源线引入孔，要注意不能使水流入，以防止受潮短路。② 冷凝管：冷凝管用紫铜管制成，有进水嘴、出水嘴两只，固定于恒温器盖板上。接进冰水后，一般 60 min 左右可将 95 ℃的液体冷却到约 20 ℃。③ 加液口：切勿在未升温时将水加满，因为升温后液体受热膨胀会溢出；水槽的水位也不能过低，否则加热器会因露出液面而烧毁。④ 恒温桶：恒温桶用黄铜板制成，导热快，可用于液体恒温或气体恒温，在桶内恒温要比外部液体稳定度高，温度波动度能达到 0.05 ℃。但恒温桶的温度稳定较慢，要经过约 40 min 温度才能稳定。⑤ 电动循环抽水泵：此泵用单相电容电动机，每分钟 2800 转，抽水量每分钟 4～8 L。超级恒温器通过该泵可用于外接使用，与外部恒温水浴装置相连接，依靠超级恒温器的液体输出、回流，对外部水浴装置进行恒温。

501A 型超级恒温器的使用注意事项：① 在水槽中加水到距水面盖板约 30 mm 处，再开启电源及电动泵开关，将控温仪温度调至所需温度。② 如果恒温温度需要低于室温，可外加与超级恒温器相同的电动泵一个，将冰水引入冷凝管内，同时在引进冰水的橡皮管上加管子夹一只，控制冰水流量。③ 本恒温器加热介质，最好使用实验纯水，禁止使用河水和硬水，如果用自来水，则应在每次使用后，对恒温器内进行一次清洗，防止加热器上因积聚水垢而影响恒温灵敏性。

实验十二　BZ振荡反应

一、实验目的

(1) 了解化学振荡反应的现象和基本机理。

(2) 通过测定电位-时间曲线求得BZ振荡反应的振荡周期和表观活化能。

二、实验原理

在给定条件下的反应系统中，反应开始后逐渐形成并积累了某种产物或中间体，这些产物具有催化功能，使反应经过一段诱导期后速率大大加快，这种作用称为自催化作用。有些自催化反应有可能使反应系统中某些物质的浓度随时间或空间发生周期性的变化，即发生化学振荡。化学振荡现象的发生必须满足如下条件：① 反应必须是敞开系统，且远离平衡态；② 反应历程中应包含自催化的步骤；③ 系统必须有两个稳态存在，即具有双稳定性。

1958年别洛索夫(Belousov)首次报道，在以金属铈离子作催化剂时，柠檬酸被 $HBrO_3$ 氧化可呈现化学振荡现象，随后扎鲍廷斯基(Zhabotinskii)重新研究这个反应，并用丙二酸代替柠檬酸，在这之后，又发现了一批溴酸盐的类似反应，人们将此类反应统称为BZ反应。20世纪60年代末，普里高津(Prigogine)提出耗散结构理论，较好地解释了化学振荡反应发生的原因。耗散结构是指，在开放和远离平衡的条件下，在与外界环境交换物质和能量的过程中，通过采用适当的有序结构状态来耗散环境传来的能量与物质，在耗散过程中，以内部的非线性动力学机制来形成和维持宏观时空有序结构。在溶有硫酸铈铵的酸性溶液中溴酸钾氧化丙二酸，是较典型的BZ反应。对反应机理有较多探讨，其中，R. J. Field、E. Körös、R. M. Noyes提出的FKN机理较被认可。

FKN机理的主要思想是，体系中存在着两个受溴离子浓度控制的过程A和B，当 Br^- 浓度高于临界浓度 $[Br^-]_{crit}$ 时发生A过程，当 Br^- 浓度低于临界浓度 $[Br^-]_{crit}$ 时发生B过程。在A过程中，由于化学反应 Br^- 浓度降低，当 Br^- 浓度低于 $[Br^-]_{crit}$ 时，B过程发生。在B过程中，Br^- 再生，Br^- 浓度增加，当 Br^- 浓度高于 $[Br^-]_{crit}$ 时，A过程发生，这样体系就在A过程、B过程间往复振荡。

A过程的反应为

$$BrO_3^- + Br^- + 2H^+ \xrightarrow{k_1} HBrO_2 + HOBr \tag{3-12-1}$$

$$HBrO_2 + Br^- + H^+ \xrightarrow{k_2} 2HOBr \tag{3-12-2}$$

其中反应(3-12-1)是速率控制步，当达到准定态时，

$$[HBrO_2] = \frac{k_1}{k_2}[BrO_3^-][H^+]$$

B过程的反应为

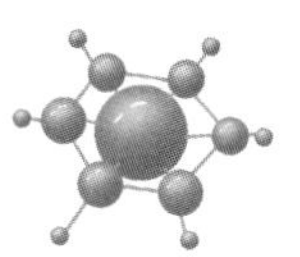

$$BrO_3^- + HBrO_2 + H^+ \xrightarrow{k_3} 2BrO_2 + H_2O \qquad (3\text{-}12\text{-}3)$$

$$BrO_2 + Ce^{3+} + H^+ \xrightarrow{k_4} HBrO_2 + Ce^{4+} \qquad (3\text{-}12\text{-}4)$$

$$2HBrO_2 \xrightarrow{k_5} BrO_3^- + HOBr + H^+$$

反应(3-12-3)是速率控制步，反应经(3-12-3)、(3-12-4)，将自催化产生 $HBrO_2$，达到准定态时

$$[HBrO_2] \approx \frac{k_3}{2k_5}[BrO_3^-][H^+]$$

由反应(3-12-2)和(3-12-3)可以看出，Br^- 和 BrO_3^- 是竞争 $HBrO_2$ 的。若

$$k_2[Br^-] > k_3[BrO_3^-]$$

自催化过程(3-12-3)不可能发生。自催化是 BZ 振荡反应中必不可少的步骤，否则该振荡反应不能发生。Br^- 的临界浓度为

$$[Br^-]_{crit} = \frac{k_3}{k_2}[BrO_3^-] \approx 5 \times 10^{-6}[BrO_3^-]$$

Br^- 的再生可通过下列过程实现

$$4Ce^{4+} + BrCH(COOH)_2 + H_2O + HOBr \xrightarrow{k_6} 2Br^- + 4Ce^{3+} + 3CO_2\uparrow + 6H^+$$

该体系的总反应为

$$2H^+ + 2BrO_3^- + 3CH_2(COOH)_2 \longrightarrow 2BrCH(COOH)_2 + 3CO_2\uparrow + 4H_2O$$

振荡的控制物是 Br^-。

化学振荡现象可以通过多种方法观察，测定电势随时间的变化是常用的一种方法。本实验用铂电极测定 Ce^{4+}/Ce^{3+}，电极电势为

$$\varphi_{Ce^{4+}/Ce^{3+}} = \varphi^{\ominus}_{Ce^{4+}/Ce^{3+}} + \frac{RT}{F}\ln\frac{[Ce^{4+}]}{[Ce^{3+}]}$$

振荡周期 $t_{振}$ 与反应速率常数成反比，根据阿伦尼乌斯公式

$$\ln\frac{1}{t_{振}} = -\frac{E_a}{RT} + C \qquad (3\text{-}12\text{-}5)$$

假定 C 不随温度变化，作 $\ln\frac{1}{t_{振}}$-$\frac{1}{T}$ 图，可求得表观活化能 E_a。

三、仪器和试剂

BZ 振荡反应实验装置，BZOAS-Ⅱ，1 套；HK-2A 超级恒温水浴，1 台；HH-1 恒温水浴锅，1 台(图 3-12-1)；计算机，1 台；打印机，1 台；铂电极，1 支；217 型甘汞电极，用 1 mol · L^{-1} 硫酸作液接，1 支；烧杯，250 mL，2 个；量筒，50 mL，4 个。

丙二酸，0.45 mol · L^{-1}；溴酸钾，0.25 mol · L^{-1}；硫酸，3 mol · L^{-1}；硫酸铈铵，0.004 mol · L^{-1}，在 0.2 mol · L^{-1} 硫酸介质中配制。

四、实验步骤

(1) 开启 BZ 振荡反应实验箱(面板如图 3-12-2)，检查“电极输入”是否黑色电极置于负极，并且连接好甘汞电极，红色电极置于正极，并且连接好铂电极。观察 HH-1 恒温水

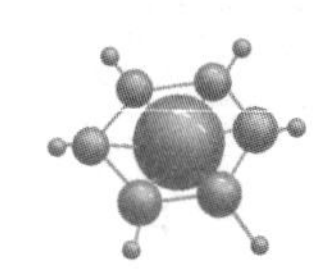

浴锅内水位是否离顶部 2 cm 左右,如果没有,请加实验纯水。开启恒温水浴锅,如 3-12-3,按“SET”键,显示屏显示恒温温度,看是否恒温温度为 50 ℃,如果不是,通过“△”“▽”调节至 50℃,再按一次“SET”键,显示屏又显示锅内水温。

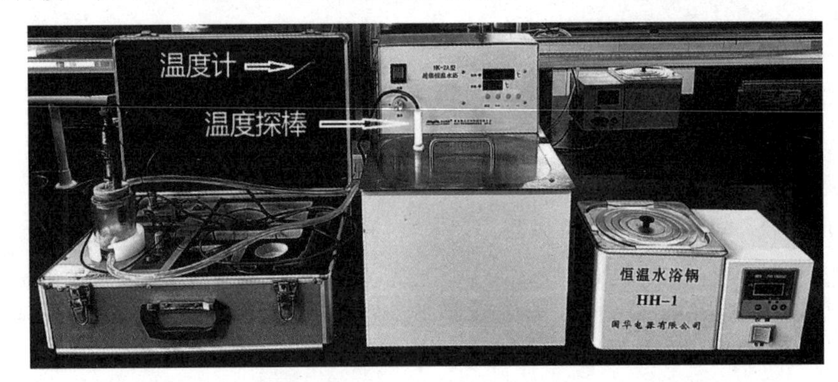

图 3-12-1 BZ 振荡反应实验箱、超级恒温水浴和恒温水浴锅

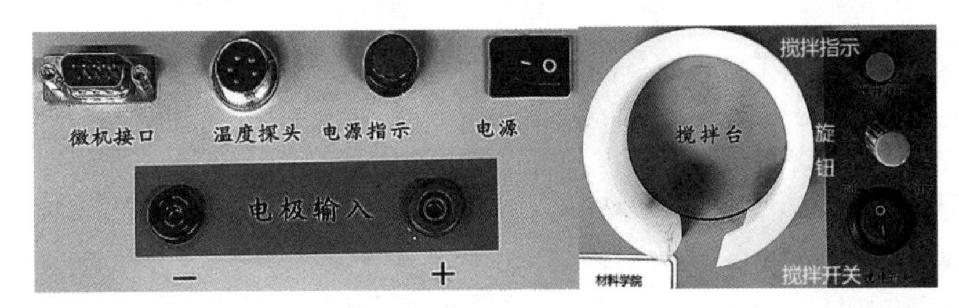

图 3-12-2 BZ 振荡反应实验箱面板

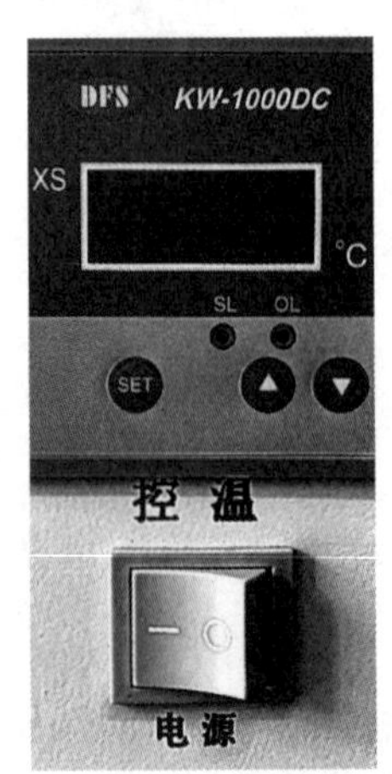

图 3-12-3 水浴锅面板

(2) 开启计算机,打开桌面上“BZ 振荡反应实验软件 4.0”,跳出一个小窗口“File not found”,点击“确定”后就出现“BZ 振荡反应数据采集系统”,点击“继续”进入“主菜单”。点击“comm1”,点击“选择串口”,再点击“选择确定”(图 3-12-4)。点击“参数矫正”,再点击“温度参数矫正”(图 3-12-5)。用 250 mL 烧杯装一杯实验纯水,从实验箱盖的袋子中取出温度计放入烧杯中,也把温度探棒(白色塑料头)从超级恒温水浴中取出置于烧杯中,待温度矫正页面的“采样值”数值变化趋于稳定后,读取温度计温度,把温度值输入“低点”下的“温度值”中,然后点击“确定”。接着,把温度计和温度探棒置于恒温水浴锅中,待“采样值”数值变化趋于稳定后,读取温度计温度,把温度值输入“高点”下的“温度值”中,点击“确定”,然后点击“确认”,出现“File access denied”小窗口,点击“确定”,回到“温度参数矫正”窗口,点击“退出”,回到“主菜单”窗口,然后把温度探棒从恒温水浴锅取出放回超级恒温水浴。在后面实验中,如果退出实验软件再重新进入,必须再进行温度矫正。点击“参数设置”,出现“参数设定”窗口(图 3-12-6),点击“横坐标极值”,出现“请输入横坐标极值”小窗口,输入“600”,点击“OK”;点击“纵坐标极值”,输入“1150”,点击“OK”;点击“纵坐标零点”,输入“750”,点击“OK”。点击“确认”,再点击“退

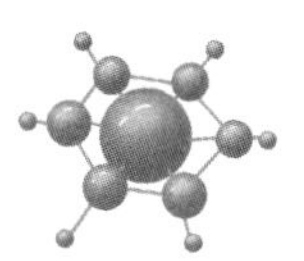

出”,回到“主菜单”窗口。点击“开始实验”,出现“实验”窗口,注意“现在温度”的示值,如果低于 23 ℃,则取目标温度为 25 ℃;如果高于 23 ℃,则取目标温度比“现在温度”值高 2~3 ℃,点击“修改目标温度”可输入目标温度值。

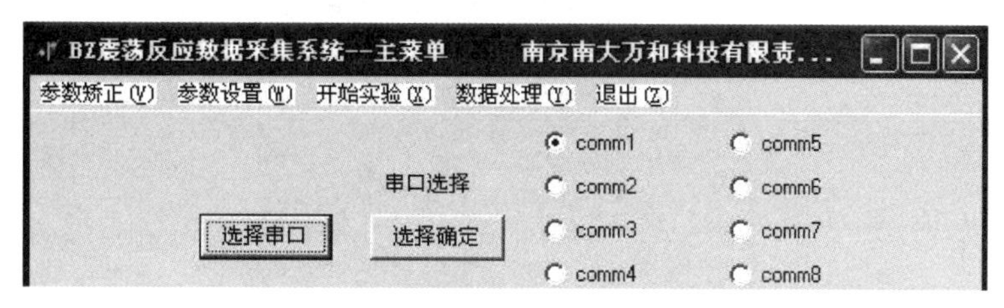

图 3-12-4 BZ 振荡反应选择串口窗口局部

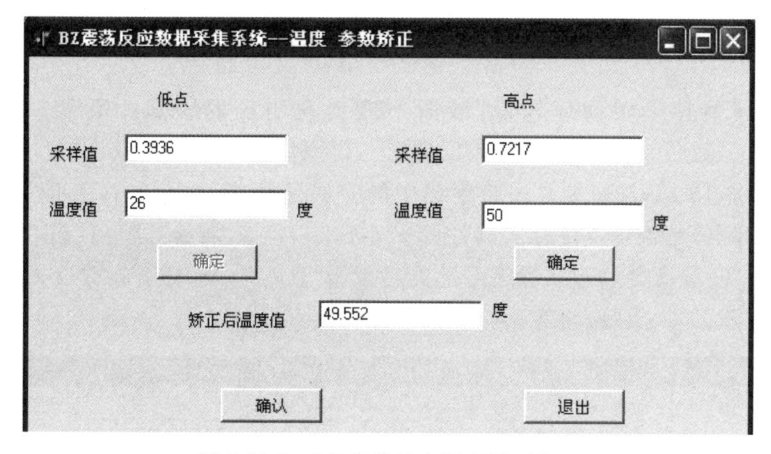

图 3-12-5 BZ 振荡反应温度矫正窗口

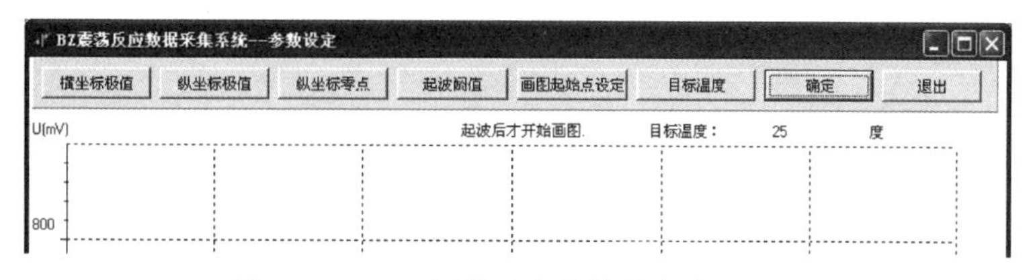

图 3-12-6 BZ 振荡反应参数设定窗口局部

(3) 开启超级恒温水浴,观察“循环”旋钮是否旋至合适位置,如果不是,请旋至合适位置。如图 3-12-7,按“设定”,进入恒温温度设定,比如原恒温温度 45 ℃,现在要设定为 25 ℃,那么先按“×10”归零,再按“+1”至“00.02”,然后按“×10”至“00.20”,接着按“+1”至“00.25”,最后按“×10”至“25.00”。恒温温度设定好后,按“设定”进入加热恒温状态。达到目标温度后,软件会出现“温度已达到设定值”的小窗口。如果发现超级恒温水浴温度值与计算机显示的温度值有较大差别,往往是计算机中的温度示值不准确,一般是温度矫正没做好。

(4) 把恒温玻璃反应瓶的塞子连同两电极取下置于实验箱上一合适位置,注意不要让甘汞电极滑出掉落地面或桌面。取 0.45 mol·L^{-1}丙二酸、0.25 mol·L^{-1}溴酸钾、3 mol·L^{-1}硫酸各 15 mL 放入恒温玻璃反应瓶,盖上塞子。打开实验箱上的搅拌开关,

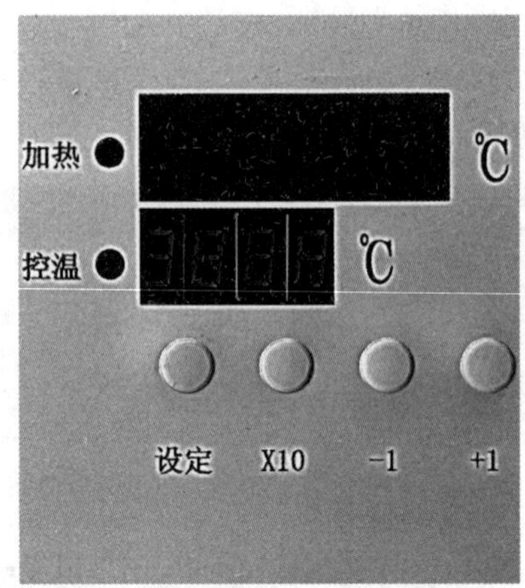

图 3-12-7　超级恒温水浴面板局部

调节搅拌速度，搅拌子转动应较慢，液面不能出现明显的旋涡。恒温 10 min 后，取 0.004 $mol \cdot L^{-1}$硫酸铈铵 15 mL 加入反应瓶。再恒温 10 min 后，点击“温度已达到设定值”小窗口（图 3-12-8），注意要点击小窗口中的空白部分，不要点击有字部分。然后点击“开始实验”，弹出“是否需要保存实验波形？”小窗口，点击“Yes”，弹出“另存为”窗口，在文件名中输入“实验者姓名＋实验序号”，然后点击“保存”。不管实验有没有成功，保存的文件名不能重复，如果重复，将无法打印图形。

图 3-12-8　BZ 振荡反应实验窗口局部

（5）计算机将作出 BZ 振荡反应的电势-时间曲线，这时可观察到溶液颜色的变化，在曲线高峰时溶液为浅黄色，低谷时溶液为无色。当曲线画完 10 个完整波形，或运行到横坐标最右端，就点击“停止实验”。点击“打印”，弹出“是否需要打印实验波形？”，点击“Yes”，弹出“请输入打印比例”小窗口，输入“6”，点击“OK”。接着，点击“退出”，弹出“是否需要保存实验数据”，点击“Yes”，然后在“另存为”窗口点击“保存”。

（6）往上调节超级恒温水浴恒温设定温度 3～5 ℃，达到恒温温度后再恒温 5 min。在“主菜单”窗口点击“开始实验”，进入“实验”窗口，点击“修改目标温度”，根据“现在温度”的温度值设置目标温度，接着如上进行实验。至少要实验 5 个温度点，最高目标温度不得超过 50 ℃。关闭超级恒温水浴，关闭反应瓶的搅拌电源，用实验纯水清洗恒温玻璃反应瓶和两支电极，清洗时只把电极连塞子一起在实验纯水中荡洗两遍，反应瓶也用实验纯水荡洗两遍，注意不要丢失反应瓶中的搅拌子。

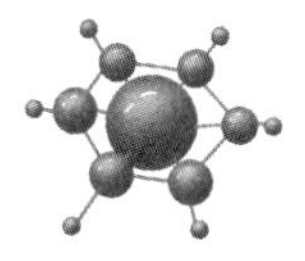

五、实验数据记录与处理

1. 实验数据记录

不同恒温温度下 BZ 振荡反应的电势-时间曲线打印件。

2. 实验数据处理

$t_{振}$ 由所有完整波形的总时间除以波形个数而得。根据式(3-12-5)，作 $\ln \frac{1}{t_{振}}$-$\frac{1}{T}$ 图，求表观活化能 E_a。

六、思考题

(1) 为什么自催化作用是振荡反应中必不可少的步骤？

(2) 本实验中记录的电势曲线是反映哪个电极电势的变化？

(3) 为什么在反应中搅拌速度要加以控制？

附录 12-1 BZ 振荡反应实验装置

BZ 振荡反应实验装置由南京南大万和科技有限公司生产，用于“BZ 振荡反应”实验，主要由 BZ 振荡反应数据采集装置和 BZ 振荡反应专用软件两部分组成。数据采集装置的线路为全集成设计，具有质量轻、体积小、耗电省、稳定性好等特点。专用软件完成 BZ 振荡反应的全部测控过程，及数据处理、作图、打印。

BZOAS-Ⅱ型 BZ 振荡反应实验装置的主要技术指标为：① 环境温度 −20～40 ℃；② 温度测量范围 0～60 ℃；③ 温度测量分辨率 0.1 ℃；④ 电压测量范围 ±2 V；⑤ 电压测量分辨率 0.001 V；⑥ 计算机与采集装置接口为串行通信；⑦ 应用软件平台要求 Windows 98 及以上。

BZ 振荡反应专用软件进入主菜单后，可见各菜单选项，先进行参数矫正和参数设置。

(1) 参数矫正：参数矫正有“温度参数矫正”和“电压参数矫正”，电压参数一般情况下不需要矫正，温度参数矫正是温度传感器的定标工作，矫正方法如下。① 打开 BZ 振荡反应数据采集装置电源，把温度传感器和水银温度计一起插入低温的水容器中；② 观察传感器的信号稳定后，输入水银温度计指示的温度值，按下低点部位的“确定”键；③ 将温度传感器、水银温度计移出，插入装有高温水的容器中，观察传感器的信号稳定后，输入水银温度计指示的温度值，按下高点部位的“确定”键；④ 再按下最下方的“确定”键，温度定标完成。

(2) 参数设置：① “横坐标极值”用于设置实验绘图区的横坐标，单位为 s。② “纵坐标极值”用于设置实验绘图区的纵坐标最大值，单位为 mV。③ “纵坐标零点”用于设置实验绘图区的纵坐标零点，单位为 mV。设置纵坐标极值和零点这两项参数，需根据实验中 BZ 反应波形的经验值来调整。④ 当发现起波时间识别不正确时，可以相应地调节“起波阈值”，调节范围在 1～20 mV 之间，默认设置为 6 mV，一般不需改变。⑤ “目标温度”用于设定实验恒温温度。⑥ 修改完成上述参数后，按下“确定”键，即可看到修改参数后的效果。

参数的矫正、设置完成后，进入“开始实验”菜单，菜单中有“开始实验”“停止实验”“修

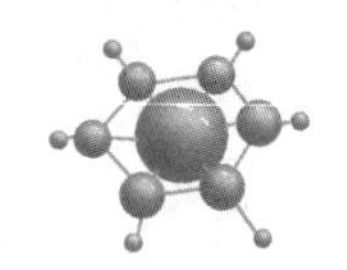

改目标温度”“查看峰、谷值”“读入实验波形”“打印”六个子菜单和“退出”功能按钮。①当系统控温完成出现提示后，在反应器中加入丙二酸溶液、溴酸钾溶液、硫酸溶液，恒温一段时间后加入硫酸铈铵溶液，再恒温一段时间后按下“开始实验”键，根据提示输入BZ振荡反应即时数据存储文件名，开始进行实验。②观察反应曲线，曲线运行到横坐标最右端或画完10个波形，停止实验。③按“查看峰、谷值”键可观察各波的峰、谷值。④如果需要打印此次实验波形，按下“打印”键，选择打印比例。⑤如果需要查看和打印以前的实验波形，先按“读入实验波形”键，出现对话框后输入或查找需读入实验波形的文件名，查看完以前的实验波形后，按“返回”键后再按“打印”键，即可打印所见到的实验波形。

数据处理菜单中有“使用当前实验数据进行数据处理”“从数据文件中读取数据”“打印”三个子菜单项和“退出”功能按钮。①按“使用当前实验数据进行数据处理”按钮，即可对列于界面上的数据进行处理，或对操作者输入的实验数据进行处理，计算机自动作出$\ln\frac{1}{t}$-$\frac{1}{T}$图并求出表观活化能，再按“打印”键即可打印图形和数据。②按“从数据文件中读取数据”按钮后，再根据如上方法进行数据处理。

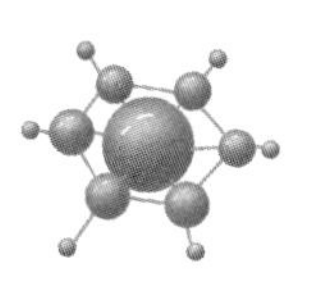

实验十三 黏度法测定高聚物摩尔质量

一、实验目的

(1) 掌握黏度法测定高聚物摩尔质量的原理。

(2) 学会使用乌氏黏度计测定黏度的方法。

二、实验原理

由于高聚物的分子量很大,在高聚物溶液中,其分子的大小能达到胶体颗粒大小的范围,可表现出胶体的一些性质。在高聚物的研制和生产过程中都要了解其平均摩尔质量及其分布情况,在研究高聚物的性能与结构的关系时也需要知道其平均摩尔质量及分布情况。测定高聚物摩尔质量的方法有多种,黏度法是常用的一种。黏度法虽然不是测定摩尔质量的绝对方法,但是由于其仪器设备简单,操作方便,分子量适用范围大,又有较高的实验精确度,所以在生产和科研中得到了广泛的应用。测定黏度的方法主要有毛细管法、转筒法和落球法,而测定高聚物溶液的黏度以毛细管法最为方便,本实验采用乌氏黏度计(Ubbelohde viscometer)测定高聚物稀溶液的黏度。

高聚物溶液的黏度是体系中溶剂分子间、溶质分子间以及它们相互间内摩擦效应的总和。设纯溶剂黏度为η_0,高聚物溶液的黏度为 η,则相对黏度

$$\eta_r = \frac{\eta}{\eta_0} \tag{3-13-1}$$

增比黏度

$$\eta_{sp} = \frac{\eta - \eta_0}{\eta_0} = \eta_r - 1 \tag{3-13-2}$$

η_{sp}反映扣除了溶剂分子间内摩擦后,高聚物溶液中溶质分子间和溶质与溶剂之间的内摩擦情况。η_{sp}随溶液浓度 c 而变化,η_{sp}与 c 的比值η_{sp}/c 称为比浓黏度。比浓黏度仍随 c 而变化,但当 c 趋近于 0,也就是溶液无限稀时,比浓黏度有一极限值[η],称为特性黏度。

$$[\eta] = \lim_{c\to 0}\frac{\eta_{sp}}{c} = \lim_{c\to 0}\frac{\ln\eta_r}{c} \tag{3-13-3}$$

根据泰勒(Taylor)中值定理

$$f(x) = f(x_0) + f'(x_0)(x - x_0) + \frac{f''(x_0)}{2!}(x - x_0)^2 + \cdots$$

依据上式展开 $\ln(1+\eta_{sp})$,$x = 1+\eta_{sp}$,$x_0 = 1$,那么

$$\ln(1+\eta_{sp}) = 0 + \eta_{sp} - \frac{\eta_{sp}^2}{2} + \cdots$$

当 c 趋近于 0 时,上式可忽略高次项,

$$\ln\eta_r = \ln(1+\eta_{sp}) = \eta_{sp}$$

由此可证明式(3-13-3)。

在溶液浓度很稀时，$\frac{\eta_{sp}}{c}$和$\frac{\ln\eta_r}{c}$与浓度 c 的关系可由下面两个经验方程表示：

$$\frac{\eta_{sp}}{c}=[\eta]+k[\eta]^2c$$

$$\frac{\ln\eta_r}{c}=[\eta]-\beta[\eta]^2c$$

特性黏度主要反映无限稀溶液中高聚物分子和溶剂分子之间的内摩擦。因为在无限稀溶液中，高聚物分子相距较远，它们之间的相互作用可忽略不计，所以$[\eta]$只与高聚物摩尔质量 M 有关。

$$[\eta]=KM^{\alpha} \tag{3-13-4}$$

上式称为马克-豪温克方程(Mark-Houwink equation)。因为高聚物摩尔质量不是均一的，它有一分布范围，所以测得的摩尔质量只是一种统计平均值，黏度法测得的摩尔质量称为黏均摩尔质量。在一定摩尔质量范围内，K、α 是与摩尔质量无关的常数，它们与温度、高聚物和溶剂的性质有关，只能通过其他测定摩尔质量的绝对方法确定。α 是溶液中高聚物形态的函数，一般为 0.5～1.7。对于溶剂为水的聚乙烯醇溶液，25 ℃时，$K=2.0\times10^{-4}\ (\text{g}/100\ \text{mL})^{-1}$，$\alpha=0.76$；30 ℃时，$K=6.66\times10^{-4}\ (\text{g}/100\ \text{mL})^{-1}$，$\alpha=0.64$。如果测定时温度在 25 ℃、30 ℃附近，$K$、$\alpha$ 的数值仍可使用。

液体在流动时，由于分子间的相互作用，产生了阻碍运动的内摩擦，黏度就是这种内摩擦力的表现，黏度单位 Pa·s。液体在毛细管内因受重力作用而流出时遵循泊肃叶定律(Poiseuille law)

$$\eta=\frac{\pi\rho g h r^4 t}{8lV}-\frac{m\rho V}{8\pi l t}$$

ρ 为液体密度，g 为重力加速度，h 为作用于毛细管中溶液上的平均液柱高度，r 为毛细管半径，V 为流经毛细管的液体体积，t 为 V 体积液体流经毛细管的时间，l 为毛细管长度，m 为校正系数。上式中$\frac{m\rho V}{8\pi l t}$为动能校正项，当 t 大于 100 s 时，动能校正项可忽略不计，没有动能校正的泊肃叶公式表示促使液体流经毛细管的重力全部用于克服液体的内摩擦。对于同一黏度计而言，h、r、l、V 都一样，因此纯溶剂的黏度与溶液的黏度的比值为

$$\frac{\eta}{\eta_0}=\frac{\rho t}{\rho_0 t_0}\approx\frac{t}{t_0} \tag{3-13-5}$$

三、仪器和试剂

乌氏黏度计，1 支，毛细管内径 0.6 mm 左右；HK-1D 玻璃恒温水槽，1 台；超声波清洗机，1 台；电吹风，1 把；秒表，1 个；铁架台，1 个；洗耳球，1 个；夹子，1 个；软橡胶管，8 cm 左右，2 段；移液管，15 mL，1 支；刻度移液管，10 mL，1 支；吸管，1 支；容量瓶，100 mL，1 个。

聚乙烯醇溶液，0.5 g/100 mL；正丁醇。

四、实验步骤

(1) 乌氏黏度计如图 3-13-1，E 球上下有两标线 a、b，E 球下有一毛细管，乌氏黏度计

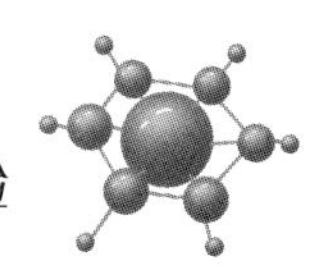

就是测定 a、b 间的液体流经毛细管的时间(图 3-13-2)。超声波清洗机清洗槽装适量实验纯水,乌氏黏度计灌满实验纯水放于清洗槽中,设定恒温温度 45 ℃,开启清洗,在 45 ℃下清洗 10 min 后停止。

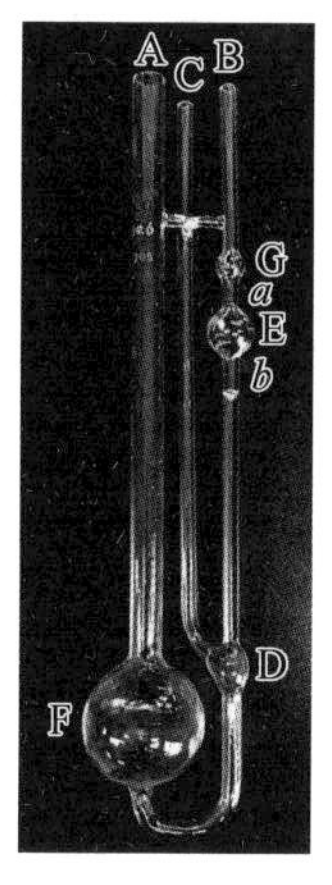

图 3-13-1 乌氏黏度计

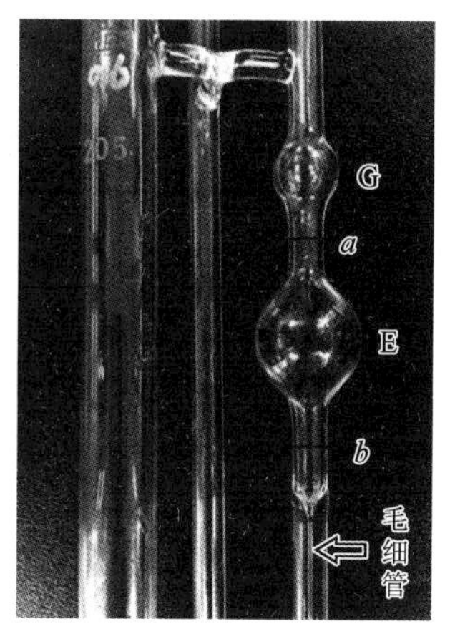

图 3-13-2 乌氏黏度计局部

(2) 玻璃恒温水槽如图 3-13-3,恒温温度一般选择 25 ℃或 30 ℃,调节搅拌调速旋钮,使搅拌器以适当的速度搅拌,速度过慢会使恒温槽温度混匀的时间较长,影响控温灵敏度;过快会使搅拌器可能产生振动影响黏度计的测定。如图 3-7-2,观察设定显示窗口的温度值是否与所要恒温的温度一致。如果不一致,先按"×10"键至数字清零,再通过"+1""−1""×10"三个键设置恒温温度,比如 25 ℃,先按 2 下"+1"显示 00.02,接着按 1 下"×10"显示 00.20,再按 5 下"+1"显示 00.25,然后按 2 下"×10"显示 25.00。恒温温度设置好后,按"设定"进入恒温控制。取一绑有铜芯胶线的 100 mL 容量瓶,装实验纯水至刻度,挂于玻璃恒温水槽的铁架上,使容量瓶中的实验纯水浸没于恒温水中。

图 3-13-3 玻璃恒温水槽

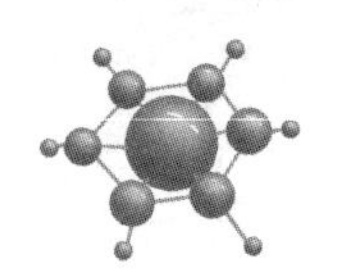

(3) 黏度计在超声波清洗机中清洗完成后，手戴实验手套把黏度计从清洗槽中取出，继续按如下所述清洗两次。用铁夹子夹住A管，使黏度计固定于铁架台上，往黏度计装一些实验纯水。在黏度计B管和C管上分别套一小段橡胶管，C管上的橡胶管对折后用一夹子夹住，然后用洗耳球由B管处把水经毛细管吸入E球及G球；接着打开C管上的夹子，让E球及G球中的水自然通过毛细管流下至完，再拿掉B管和C管上的橡胶管，把水倒净。

(4) 在清洗好的黏度计的B管和C管上套上橡胶管，然后把黏度计固定于铁架台的夹子上，要注意黏度计必须垂直，接着把黏度计放入恒温槽中，恒温水必须浸没至黏度计的a线以上，如图3-13-4。接着拿出浸于恒温槽中的容量瓶，用移液管移取15 mL实验纯水从A管注入黏度计，接着往容量瓶中补充一些实验纯水至刻度线，再把容量瓶挂于恒温槽的铁架上浸于恒温槽中。实验纯水在黏度计中必须再恒温15 min。恒温15 min后，如前所述，用夹子夹住C管上的橡胶管，洗耳球放于B管的橡胶管口，把水经毛细管吸入E球至G球上端，然后打开C管上的夹子，观察液面降落，当降至a线时，即按下秒表开始计时；继续观察，当液面降至b线时，按下秒表停止计时，把时间t_0记录下来。接着重复测定两次，每次相差不得大于0.5 s。

图3-13-4　黏度计在恒温水槽中

(5) 测定实验纯水后，把黏度计从恒温槽拿出，倒净黏度计中的实验纯水，拔掉B管和C管上的橡胶管，使黏度计倒挂于铁架台的铁夹子上。铁架台移至桌边，把电吹风放于A管口往黏度计中吹，吹至黏度计中基本没有水；接着把电吹风移至B管口吹干B管口、G球、E球，再移至C管口吹干C管。

(6) 黏度计吹干后，把它放于恒温槽中，同样地，恒温水必须浸没至a线以上，并且黏度计必须垂直。用移液管取0.5 g/100 mL聚乙烯醇溶液15 mL，由A管注入黏度计，再用吸管滴加2滴正丁醇至黏度计中的聚乙烯醇溶液中。溶液在黏度计中必须恒温20 min，恒温期间，如前所述把溶液吸入E球至G球上端，然后让其自然降落至完，不用测定时间。恒温后，如前所述方法测定3次时间t_1，每次相差不得大于0.5 s。聚乙烯醇溶液易起泡，实验要求溶液吸入E球至G球上端后，毛细管以上至液面的溶液中不得有气泡存在，液面可允许有少许气泡存在，但不能影响观测。如果气泡较多，觉得影响观测，可再从A管往溶液中加入1～2滴正丁醇。

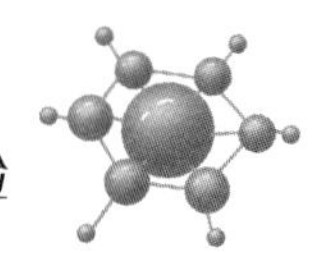

(7) 测完浓度 0.5 g/100 mL 的溶液后，用移液管取恒温的实验纯水 5 mL 由 A 管注入黏度计中，用夹子夹住 C 管的橡胶管，用洗耳球由 B 管口反复压吸溶液，先把溶液吸至毛细管下，再把溶液全部压入 F 球，共 5 次，这样做的目的是混合均匀。接着，如前所述方法把溶液吸入 E 球至 G 球上端，让其自然降落至完，不用测定时间。然后，如前所述方法测定 3 次时间 t_2。

(8) 假设 0.5 g/100 mL 溶液浓度为 c_1，加入 5 mL 实验纯水得浓度为 c_2。在测完浓度 c_2 后，再依次往黏度计中加入恒温的实验纯水 5 mL、10 mL、10 mL，得浓度 c_3、c_4、c_5，同上法测定时间 t_3、t_4、t_5。实验完成后，如步骤(1)、步骤(3)所述清洗黏度计，后倒挂于铁架台上。

五、实验数据记录与处理

1. 实验数据记录

(1) 恒温槽恒温温度________。

(2) 黏度计所测各样品时间，记录于表 3-13-1。

表 3-13-1 黏度计所测各样品时间

测试次数	实验纯水 t_0/s	聚乙烯醇溶液 t_1/s	加 5 mL 水 t_2/s	加 5 mL 水 t_3/s	加 10 mL 水 t_4/s	加 10 mL 水 t_5/s
1						
2						
3						
平均						

2. 实验数据处理

(1) 如表 3-13-2，根据式(3-13-1)、(3-13-2)、(3-13-5)，求得 η_r、η_{sp}、$\frac{\ln\eta_r}{c}$ 和 $\frac{\eta_{sp}}{c}$，c 的单位为 g/100 mL，计算结果全部取至小数点后 3 位。

表 3-13-2 黏度计所测各样品数据计算

测定样品	聚乙烯醇溶液	加 5 mL 水	加 5 mL 水	加 10 mL 水	加 10 mL 水
浓度 c/(g/100 mL)	0.5	0.375	0.3	0.214	0.167
η_r					
η_{sp}					
$\frac{\ln\eta_r}{c}$					
$\frac{\eta_{sp}}{c}$					

(2) 作 $\frac{\ln\eta_r}{c}$-c 和 $\frac{\eta_{sp}}{c}$-c 直线图。先把各点描于坐标图上，再作直线使各点均匀分布于直线两边，并且使两直线在纵轴相交于一点，这点即为$[\eta]$。

(3) 把 K、α、$[\eta]$代入式(3-13-4)，求得 M。

六、思考题

(1) 利用黏度法测分子量的局限性是什么？

(2) 乌氏黏度计有什么优点？去除 C 管是否仍可测纯液体的黏度？本实验能否用没

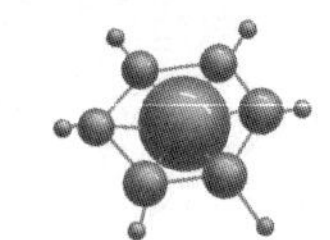

有C管的双管黏度计?

(3) 黏度计毛细管太粗或太细各有何缺点?

(4) 乌氏黏度计测定时,如果没有打开C管上橡胶管的夹子,所测得的相对黏度是偏大还是偏小?

(5) 为什么黏度计要垂直置于恒温槽中?

(6) 测量实验纯水的流出时间时,加入实验纯水的量是否要准确称量?

(7) 温度对液体的黏度有什么影响?

附录13-1 HK系列恒温水槽、水浴

HK系列恒温水槽、水浴由南京南大万和科技有限公司生产,集智能化控温和电动搅拌于一体,具有控温精度高、使用方便等优点。HK系列恒温水槽是主要由智能化控制单元、不锈钢加热单元、无级调速搅拌和玻璃缸等组成的一体化装置,HK系列恒温水浴是主要由智能化控制单元、不锈钢加热单元、抽水泵和不锈钢水槽等组成的一体化装置,仪器都采用智能化控温,调速电机或水泵作为循环动力,使仪器的控温精度和均匀度都能达到较高的要求。HK系列恒温水槽、水浴的主要技术指标如表3-13-3所示。

表3-13-3 HK系列恒温水槽、水浴主要技术指标

<table>
<tr><th>型号</th><th>HK-1B</th><th>HK-1D</th><th>HK-1C</th><th>HK-2A</th><th>HK-2C</th></tr>
<tr><td>控温方式</td><td>数字控温</td><td>智能控温</td><td>继电器</td><td>智能控温</td><td>数字控温</td></tr>
<tr><td>控温范围</td><td colspan="5">室温～100 ℃</td></tr>
<tr><td>控温精度</td><td colspan="2">±0.05 ℃</td><td>±0.2 ℃</td><td>±0.05 ℃</td><td>±0.2 ℃</td></tr>
<tr><td>分辨率</td><td colspan="2">0.01 ℃</td><td>1 ℃</td><td>0.01 ℃</td><td>0.1 ℃</td></tr>
<tr><td>搅拌</td><td colspan="3">无级变速搅拌</td><td colspan="2">—</td></tr>
<tr><td>泵流量</td><td colspan="3">—</td><td colspan="2">6 L·min^{-1}</td></tr>
<tr><td>加热功率</td><td colspan="3">1000 W</td><td colspan="2">1200 W</td></tr>
<tr><td>电源电压</td><td colspan="5">220 V,50 Hz</td></tr>
<tr><td>恒温容器</td><td colspan="3">Φ300 mm×300 mm</td><td colspan="2">410 mm×280 mm×180 mm</td></tr>
</table>

HK系列恒温水槽、水浴的主要使用方法和注意事项:① 使用时将水加至容器的三分之二以上,水位不能过低,以防烧坏加热器。恒温水必须用软水,最好用实验纯水。② 打开电源,开启搅拌电机或循环水泵,调节面板上的调节旋钮至合适的转速或流量。③ 按"+1""−1""×10"设置温度,再按"设定"保存,此时"控温"灯亮,仪器进入控温状态,此状态下恒温温度不可改变,如果需要重新设置目标温度,要再按一次"设定",控温指示灯灭,可以重新设置温度。④ 若设定值远大于温度值,加热指示灯亮,说明加热回路在加热,温度值处于上升阶段;若设定值小于温度值,加热指示灯灭,说明加热回路停止加热;当温度值接近设定值时,加热指示灯闪烁,表示正在调整加热功率,使温度稳定在设定值上。⑤ 恒温水浴在使用前必须接好出水管和进水管,以防循环水外溢。对于要求接恒温负载的实验,负载的进水口连接到本装置的出水口。如果直接在槽内实验,不用输出恒温水的,要将本装置的出水口和进水口用软管连接。

参考文献

[1] 傅献彩,侯文华.物理化学[M].6版.北京:高等教育出版社,2022.
[2] 孙世刚.物理化学[M].3版.厦门:厦门大学出版社,2023.
[3] 北京大学化学学院物理化学实验教学组.物理化学实验[M].4版.北京:北京大学出版社,2002.
[4] 复旦大学.物理化学实验[M].3版.北京:高等教育出版社,2004.
[5] 许新华,王晓岗,王国平.物理化学实验[M].北京:化学工业出版社,2017.
[6] 孙尔康,高卫,徐维清,等.物理化学实验[M].2版.南京:南京大学出版社,2022.
[7] 韩国彬.物理化学实验[M].厦门:厦门大学出版社,2010.
[8] 顾月姝,宋淑娥.基础化学实验(Ⅲ):物理化学实验[M].2版.北京:化学工业出版社,2015.
[9] 孙文东,陆嘉星.物理化学实验[M].3版.北京:高等教育出版社,2014.
[10] 王健礼,赵明.物理化学实验[M].2版.北京:化学工业出版社,2015.
[11] 华萍.物理化学实验[M].武汉:中国地质大学出版社,2010.
[12] 冯霞,朱莉娜,朱荣娇.物理化学实验[M].北京:高等教育出版社,2015.
[13] 王军,杨冬梅,张丽君,等.物理化学实验[M].2版.北京:化学工业出版社,2015.
[14] 金丽萍,邬时清.物理化学实验[M].上海:华东理工大学出版社,2016.
[15] 武汉大学化学与分子科学学院实验中心.物理化学实验[M].2版.武汉:武汉大学出版社,2012.
[16] 郑传明,吕桂琴.物理化学实验[M].2版.北京:北京理工大学出版社,2015.
[17] 同济大学数学科学学院.高等数学[M].8版.北京:高等教育出版社,2023.
[18] 何曼君,陈维孝,董西侠.高分子物理[M].修订版.上海:复旦大学出版社,1990.